はつみみ植物園

西畠清順 ・ 文

はつみみ工房 ・ 画

東京書籍

はじめに

　まずもっていちばん最初に、声を大にしてお伝えしたいことがある。

　筆者は、植物を探し、植物を運び、植物を届ける仕事を生業としているが、30歳を過ぎた頃から、いろいろなご縁から植物に関する本の出版の依頼が多く寄せられるようになった。そんななかで、いまの自分がいちばんやりたかったのが、"この一冊さえ読めば、みんなが知ってそうで知らない植物の常識をたのしく身につけられる本" だった。

　そんなわけで取り組んだこの『はつみみ植物園』は、「私はこんな常識も知らなかったのか……」と、いかにみなさんに知的好奇心と羞恥心をお届けできるかをテーマに作ったわけであるが、なんと出版前から、大手ネット書店史上初の記録をすでに達成したと聞いてびっくりしているのである。

　ちょうどこの本の執筆が佳境を迎えている2016年春現在の自分はといえば、日本とシンガポール国交50周年の記念すべきタイミングで、現地での世界初の大掛かりな桜の花見イベントを成功させ、リー首相も絶賛してくださったということで、ホッとしているところである。

　また、台湾の巨大なテーマパークである麗宝楽園、アトレ恵比寿の西館屋上にできたアトレ空中花園、山口県宇部市の広大なときわ公園内にある植物園、ハワイ・アラモアナ地区のフードコート、東京都が指定する歴史的建造物である小笠原伯爵邸、そして街づくり大使を仰せつかっている兵庫県川西市の20ヘクタールの街づくりなど、現在多数のランドスケーププロジェクトに携わっているかたわら、世界のスーパーファッションブランドや日

本を代表する飲料メーカーや百貨店などの仕事を何十件と掛け持ち、企業・政府・アーティスト・建築家などから受けているプロジェクトは数えきれないほど。その他、NHKの大河ファンタジー「精霊の守り人」のタイトルバックを見るたびに自分が提供した絞め殺しの木のかっこよさに自画自賛しつつも、このように自分が運んだ植物たちが、各プロジェクトを通じて今日も世間であまりに多くのひとの目に触れている日々の裏側で、年間200トンに及ぶ海外との植物の取り引き、一日として休むことなく繰り返される数々のいけばな流派やプロの植物業者への材料供給とそれらに伴うプラントハンティング。とにかくスタッフも含めてまさに、東奔西走、多事多端、一諾千金、焼肉弁当……のような毎日なのである。

　そんな忙しい日々に、ときおり鳴る、本書の編集担当者さんからの電話。

「清順さん、お忙しいとは思いますが、はつみみ植物園の原稿のほうはどうですか?」

「もうすぐ書き終えますよ。いま佳境なのでもうちょっと待ってください」

「清順さん、そのセリフは聞き飽きましたよ……もう一年以上も同じように、『佳境だから』と言ったままじゃないですか!ちなみに大手ネット書店さんには先日、6度目の出版延期の通知をだしました。予約してくださっているお客さんは、もううんざりしていますよ!こんなの、前代未聞ですよ!」

　なるほど、6度の出版延期は前代未聞の新記録!?

　そりゃあ初耳だ。

はつみみ植物園　もくじ

はじめに　2

Part1 **はつみみクエスチョン**

そもそも　*11*

植物はいつ、どこからやってきたの？　*12*

なぜ植物の葉っぱは緑色？　*14*

なぜ花は香りをもつの？　*16*

光合成ってなに？　*18*

植物の名前はどうやって決まるの？　*20*

そういえば　*23*

なぜアサガオは朝に咲くの？　*24*

年輪はどうしてできるの？　*26*

なぜ植物は紅葉するの？　*28*

世界には何種類の植物があるの？　*30*

なぜサボテンのトゲはあるの？　*32*

知らなかった　*35*

植物が長生きできるヒケツは？　*36*

なぜ神様に花や木を供えるの？　*38*

世界でもっとも大きな植物は？　*40*

日本にはもともと何種類の植物があるの？　*42*

斑入り植物ってなに？　*44*

意外や意外　47

日本人が食べている野菜はほとんど外来種？　48

なぜ高い山に大きな木は育たないの？　50

観葉植物の上手な育て方とは？　52

植物も眠る？　54

植物も呼吸をするの？　56

違いが大事　59

なぜ野菜はおいしくなくて、果物はおいしいの？　60

くだものってなーに？　62

草と木の違いはなに？　64

森と林の違いはなに？　66

人間の恋愛と植物の恋愛の違いは？　68

季節とともに　71

門松ってなに？なぜお正月に飾るの？　72

なぜ花見は桜と決まっているの？　74

なぜ花粉症になるの？　76

なぜ母の日にはカーネーション？　78

クリスマスツリーとは？　80

PartII はつみみプロジェクト

植物との共存空間／代々木VILLAGE　*84*

日本全国の桜の同時開花／ルミネ有楽町店　*86*

砂漠のバラ／ほぼ日刊イトイ新聞　*88*

TOYOTA AURIS／代官山ヒルサイドテラス　*90*

世界一周植物園／ハウステンボス　*92*

オーガニックシティ／パークシティ大崎　*94*

NHK Eテレ「課外授業　ようこそ先輩」／兵庫県川西市立川西北小学校　*96*

オフィス空間緑化プロジェクト／Sansan株式会社　表参道オフィス　*98*

国際眼科学会での"おもてなし桜"／東京国際フォーラム　*100*

シルク・ドゥ・ソレイユ『オーヴォ』公演イベント／グランフロント大阪北館6F　UMEKITA　FLOOR　*102*

東京デザインウィーク／明治神宮外苑　*104*

キセラ川西まちづくり／キセラ川西オリヴィエ　*106*

エアープランツのクリスマスツリー／ミッドランドスクエア (名古屋)　*108*

髙島屋が植物園に!?／髙島屋 (日本橋店、新宿店、横浜店、大阪店、玉川髙島屋S・C)　*110*

空間プロデュース／ルイ・ヴィトン 表参道店　*112*

ウルトラ植物博覧会／ポーラミュージアム アネックス　*114*

広告出演／株式会社ユニクロ　*116*

植物ブランド「花園樹斎」／株式会社中川政七商店　*118*

PartIII **はつみみボイス**

Voice　1　別におれは、……　*122*

Voice　2　この時代、……　*123*

Voice　3　「清順スタイル」はない。……　*124*

Voice　4　何をせずとも……　*125*

Voice　5　野性味があって……　*126*

Voice　6　日本ほどミーハーな……　*127*

Voice　7　オリーブの木は、……　*128*

Voice　8　たった一個の植物を……　*129*

Voice　9　「森を大切にしましょう」……　*130*

Voice 10　植物とともに暮らし、……　*131*

Voice 11　おれにとって……　*132*

Voice 12　この桜を一緒に……　*133*

Voice 13　芸（藝）っていう文字は、……　*134*

Voice 14　環境問題うんぬんが……　*135*

Voice 15　おれは、別に植物を……　*136*

Voice 16　政治家ですかね。……　*137*

Voice 17　植物が好きっていう気持ちは、……　*138*

PartIV はつみみプロフィール

Birthday	*140*
Family	*141*
School days	*142*
Hobby	*143*
Face	*146*
Wear	*147*
Drink	*148*
Food	*149*
Health	*150*
Title	*152*
Weakness	*153*
Jinx	*153*
Life	*153*
Plant hunter	*153*

おわりに 154

Part I
はつみみクエスチョン

知っているようで知らなかった！
植物についての素朴な疑問に
答える、はつみみ話。

［図版解説］

p.13	ディクソニア・アンタルクティカと恐竜
p.15	葉緑体の細胞拡大図
p.17	ゾウコンニャク
p.19	光合成図
p.21	フィリップ・フランツ・フォン・シーボルト
p.22	胡蝶蘭とモンシロチョウ
p.25	朝早くに咲くアサガオと朝早くからスマホで遊ぶ小学生の夏休み
p.27	年輪とバウムクーヘンの断面図
p.29	紅葉するモミジのイメージ
p.31	花宇の温室では3000種類以上の植物を生産管理している
p.33	サボテンの拡大図
p.34	クリの実を覆っているのはトゲではなくてイガ
p.37	長生き"仲間"のブリッスルコーンパインとアルダブラゾウガメ
p.39	サカキ
p.41	ツバナラタケ
p.43	大航海時代、植物も世界をかけめぐった
p.45	観棕竹銘鑑
p.46	観音竹 綾錦と大判の縞
p.49	ニンジンの収穫
p.51	標高の低いところの木は高く、標高が高いところの木は低い
p.53	自分の気に入る花屋さんを見つけるのが第一歩
p.55	シダは昼開き、夜は眠る
p.57	気孔の簡略図
p.58	植物の殖やし方いろいろ
p.61	いろとりどりの果物
p.63	バナナ、イチゴ、スイカ
p.65	オンブーと人の対比。これで草だからおどろきだ
p.67	従業員の森君と林君
p.69	蜜をもらうかわりに花粉を運ぶ、花とwin-winのミツバチ
p.70	葉が落ちるのは、ほんの一瞬
p.73	玄関前に置かれる門松
p.75	上を向いて咲くウメと、下を向いて咲くサクラ
p.77	メイクをしないで外を歩くときにマスクをする女性がいるらしいが、花粉症患者と見分けはつかない
p.79	アンナ・ジャービスとカーネーション
p.81	ドイツトウヒは本来高さ50メートル以上にもなる。サンタクロースも思わず仕事を忘れて見上げてしまう
p.82	植物は体内に時計と温度計を持っているので、決まった時期に花を咲かせ、紅葉することができる
p.95	オーガニックシティのイメージ図
p.120	見た目が愛らしく人気が高い多肉植物たち
p.159	左から、マコモダケ、貴腐ブドウ、ウィトラコチェ

そもそも

植物はいつ、どこからやってきたの？

　もし、子どもにそんな素朴な質問をされたとき、あなたはいったいどうやって答えたら
よいのだろう？　あまりくわしい話をしすぎても難しいし、かといって、適当に答えるわけ
にもいかない。すべては神様が創造したんだよ、という話も宗教によってさまざまである
わけで、ここでは、シンプルにこう答えるのがよいという例を紹介したい。それは……
　"植物は、気の遠くなるような遠い昔、おおよそ4億5000万年前に川からやってきた
んだよ"
　という答え方である。
　生命の起源、そして植物の祖先にあたる生物は、植物が地上に姿を現すさらに気の遠
くなるような遠い昔に、海から生まれた。
　そしてその生物は天敵が多い海から逃れるために、また気の遠くなるような時間を費や
し、塩水から淡水に適応して海から川を上がったのだ。
　そしてまたさらに、気の遠くなるような時間をかけて水中から重力に適応しながら陸地
に上がったのだった。
　最初に上陸したのは海藻や藻類のような苔（こけ）類だったが、これまた気の遠くなる
ような時間をかけて重力に適応しながら巨大化し、森林を形成していったのだ。
　そしてそんな原始の地球の森を形成し、気の遠くなるようなあいだ繁栄していたのが木
性シダの仲間である。ディクソニア・アンタルクティカは、オーストラリアやニュージーラ
ンドにいまも当時と変らない原生林を形成してくれているが、ディクソニアを見ていると、
きっとたくさんの恐竜たちもこのような巨大なシダの間を歩いていたことだろう、と思わ
せられる。
　日本では古きよき古来の植物を古典植物と呼ぶが、それはせいぜい500～300年くら
い前の植物の話である。植物の時間軸のスケールは気の遠くなるような、億単位の話であ
る。そう、植物の起源を語るには、それはそれは気が遠くなるような遠い昔から話さな
ければならず、それまた気の遠くなるような話なのである。

なぜ植物の葉っぱは緑色？

"これなあに？"と聞くと、1歳を過ぎた娘はうれしそうに、

"はっぱ！"と答えてくれるようになった。しかし、同じ葉っぱでも、枯れて茶色くなった状態のものを見せてもわからないらしい。

そう、娘は、植物の葉っぱ＝緑色、と認識しているのだ。カラーリーフや斑（ふ）入り植物はたくさんあるが、たしかに万人に共通するイメージの植物の葉っぱの色と言えば緑だろう。では、なぜ緑色なのだろうか。

それを語るには、まずどのようにしておれたち人間が色を見ているのかを知ることから始めなければならない。

おれたちが光と呼んでいるものは白色光と呼ばれ、ざっくり7色から成り立っている。7色が対象物に当たったときに、そのうちいくつかの色が吸収され、そのうちいくつかは反射される。人間が光の色を認識するのは、その反射された色が目に入ってくるからなのだ。……わかりやすく言うと、赤色の花は、光がその花に当たって、赤色のみが反射して目に入ってきて、他の色は吸収されてしまうからそう見えるのである（細かく言うと波長なども関係してくるのだが、これは植物の本ということで割愛させていただく）。

この原理で言うと、私たちの目に緑色に映る植物の葉っぱは、緑の色を反射させ、それ以外の色は吸収した、ということがわかる。もっと言うと、葉っぱは緑色だけを捨てたわけである。

ちなみにその緑色を捨てた正体こそ、葉っぱに無数にあるクロロフィルという色素である。このクロロフィルが緑色をしているのだが、ではそもそも、そのクロロフィル自体がなぜ緑色に見えるのか。

現代の植物が咲かせる花や実がカラフルな色をしているのには、明確な理由がある。それは、目立つことで鳥や虫たちに花粉を媒介してもらったり、食べてもらって種を運んでもらうからである。もちろん、植物がとる行動のすべてには理由があるのだ。

4.5億年前、初めて陸地に植物が上がったとき、そこには動物も昆虫もいなかった。そんななかで植物は、葉っぱの外の世界にむけて緑色になることを決めた、つまり緑色以外の色を吸収することを決めたわけなのである。

なぜか。

そのヒントは、緑色が光合成に適していたこと、太陽の光を受けるにあたって波長が適していたこと、などが考えられているが、実際はまだくわしいことはわかっていない。

なぜ花は香りをもつの？

おれがまだ中学生だったころのある日、野球部の練習から帰ってきて泥だらけの靴下を脱いだときに、ふと自分の足の親指の爪に真っ黒い垢（あか）が溜まっているのを見つけた。きっと数年分の垢が蓄積しているのだろう。なぜか不意にその匂いに興味が湧いた。ダメだ、と思いながらもそれを手の指先の爪でホジ取り、まるで誘われるかのように匂いを嗅いでいた。すると、クサいはずと思ったその垢は、なんとも言えない、また嗅いでみたくなるような匂い……言ってみれば不思議な世界へいざなってくれたのだ。

しかしよく考えてみると他人に嗅いでもらえば悶絶するほどクサいことには間違いない。つまり匂いとは、その匂いを嗅ぐ者によって、いい匂いかそうでないかが変わってくるということである。

何億年という植物の歴史の途中で、花が香りを開発したのは、その香りで昆虫や小動物を誘い、花粉を運んでもらうことで受粉して子孫を残すためである。

たまたま一般的に人間にとって心地よい香りとされるものは、もてはやされ香料などとして古くから利用されてきたが、虫や小動物とて匂いや香りの嗜好はある。人間がクサいと思っている匂いを好む虫たちもいるわけである。

2014年夏、日テレの11階のスタジオで異臭騒ぎが起きた。

その日、おれは「世界一受けたい授業」というテレビ番組の講師として出演するために楽屋に待機していた。スタジオには実家の温室から運び込まれた大量の植物たちが並べられ、あとは本番を迎えるだけのはずだった。そんなとき血相を変えて楽屋に飛び込んできたテレビ局のスタッフ。

「清順さん！ある植物の花が先ほど咲いてきたのですが、クサすぎて使用不能という判断が下されました！一刻も早くスタジオから出してください！」

犯人はゾウコンニャクという植物だった。たったひとつの花が大きなスタジオの空間すべてを異臭騒ぎに巻き込んでいたのだ。

基本的に植物の花は、人間で言うと性器であり、甘い香りや生々しい匂いがして当然である。ゾウコンニャクの花は、人間にはクサいと思われても、現地のハエたちにとってはたまらない香りなのである。つまり、いい香り、クサい匂い、これを決めるのは人それぞれ、虫それぞれであり、花たちは自分が思うベストな匂いをまとっているだけである。偏った考えで目の前にあるものをクサいと勝手に決めつけるくらいなら、まず自分の足の爪に詰まっている垢の匂いを嗅いでみて、本題について真剣に向き合ってもらいたいものである。

17

光合成ってなに？

そもそも

　この地球上に降り注ぐ太陽の光を有機エネルギーに変える活動。
　この地球上にあるすべての酸素を、作り出している活動。
　つまりこの地球上にある命すべてを、支えている活動。

　一番ポピュラーでシンプルな光合成の説明はと言うと、「植物が二酸化炭素と太陽の光を吸収し、細胞内にある葉緑体で水を利用して酸素と糖分を作り出す活動」、という説明になる。光合成のことを資料を用いて専門的に語ればいくらでも難しい説明ができるらしいが、専門的な話は筆者も含めて1000人のひとが聞いてもほとんどのひとが理解できないというほど難しい話なので、ここではやめておこう。

　とにかく光合成という偉大なる活動を、あえて少々ロマンチックで恩着せがましく言うと、冒頭の3つのようなざっくりした説明をしたい気分になってくる。

　光合成によって成長した植物を草食動物が食べ、そして草食動物を肉食動物が食べる。最後には人間がそれらを食べる。しかもそれらすべての生物は光合成によって作り出された酸素で生きている。そう、地球上のすべての生き物の命は無意識のうちに、光合成という活動によって支えられているのだ。

　最近の研究結果で、どのようにして光合成が行われるかというメカニズムは、ずいぶんとはっきりとしてきており、人工光合成なるものまで開発された。しかしいまだに太陽の光をつかって糖やデンプンを作り出すことはできず、完全に光合成を再現できていない。つまり、現在の全人類の科学の英知を持ってしても、植物が数億年前から普通にやっていることができないという、まさに自然の偉大さを感じる話なのである。

　ちなみに、地球史上最も偉大な生命活動である、光合成という言葉を論文とともに世界に発表したのはアメリカのチャールズ・バーネスさんという。

　これほどまでに大きな仕事を成し遂げておきながらニュートンさんやダーウィンさんほど評価されていないことを考えると、植物を愛するものとしては、少々くやしい気持ちになってくるのではあるが……。

植物の名前はどうやって決まるの？

そもそも

　アラブ圏の国を旅すると、ムハンマドさんという名前の人によく出会う。ある日、アラブの国でタクシーの運転手さんに聞いたら、「4割くらいのひとがムハンマドという名前だよ」と聞いて、たまげたものである。

　ではいったいどうやってアラブの人は、さまざまなムハンマドさんの名前を識別するのだろう。じつは一般的にはアラブの人の名前は自分の名前・父の名前・祖父の名前の順に表記する。だから、どのムハンマドさんか本名を知るには、それらすべてを聞いてはじめて識別できるようになっているわけだ。

　これがじつは植物の場合と似ている。たとえばパイナップルという植物。世界には 1000 種類を超えるパイナップル科の植物が存在する。だから目の前のムハンマドさんを識別するように、目の前のパイナップル科の植物が実際にどの品種を指すかは、学名で、科名・属名・種名の順にきちんと表記できるようになっている。たとえばよく食用にするパイナップルだと、パイナップル科アナナス属コモーサス（種）といった具合だ。このようにして人間は、すべての植物を識別するために 27 万種類を超える原種と数十万種といわれる園芸品種の植物ひとつひとつに学名を付けてきた。

　もし名前のない植物を見つけたなら、それに関する論文を書き、学会などに発表し新種として認定されたら名前を付けて学名として記載されるのである。発見者はある程度自由に、見つけた土地の名前などを使って名付ける場合が多いが、例えば、江戸時代に日本から数多くの固有種を持ち帰ったシーボルトは、その業績がたたえられて、本人の名が学名としてたくさん残されていたりする。

　ところで、その世界共通学名はじつは英語ではなくラテン語がベースになっていることを知っているだろうか。かといって、子どもがパイナップルを食べたいときに、日常的に "アナナス属のコモーサスが食べたい！"と言うわけではない。そう、パイナップル（パインアップル）とは、英名なのだ。同じ植物でも英語圏なら英名、日本なら和名など、国によって学名の他に、違う呼びやすい名前を付けられることもある。例えば、学名でアデニウム（Adenium）という植物は、英名ではデザート・ローズ、和名ではサバクノバラと呼ばれている、といった具合だ。

　さて、ここでもう一つややこしいのが、流通名（商品名）である。

　植物も商品である。観葉植物農家さんががんばって育てた植物に和名がなかったとして、むずかしい学名で売り出してもなかなか売れない。だからみんなおもしろおかしい名前を付けて市場に出荷するのである。

　"感謝の木""ブンプク茶釜""ドラゴンボール"などなど……あやしいネーミングも含めてニックネーム的なものは、不思議なことに、その名前が独り歩きして有名になればそのうち成り立っていくものもある。少なくとも、世間で飛び交っている（ここ日本の）植物の名前は、学名、和名、英名、そして流通名がごっちゃになっていることは知っておきたい。

そういえば

なぜアサガオは朝に咲くの？

そういえば

アサガオはヒルガオ科の植物である。ヒルガオもヒルガオ科の植物である。ユウガオという植物もあるが、それはウリ科なのでヒョウタンなどの仲間であり、ヒルガオ科の植物たちとは、まったくもって赤の他人である。

いずれにせよ、彼らは何があってもそれぞれの名前のとおり、アサガオは朝に花を咲かせ、ヒルガオは昼まで花を咲かせ、ユウガオは夕方に花を咲かせるわけである。なぜこれほど規則正しくキッチリその名の通りに花を咲かせることができるのか。

朝起きた瞬間、窓の外がとても明るくて"あ、寝坊してしまった！"という経験をした人は少なくはないだろう。植物とて生き物、アサガオと言えども、年に一度くらいうっかり寝坊することはないのだろうか。

ないのである。

なぜなら、アサガオが朝に花を咲かせる理由は朝になく、夜にあるからだ。夜の暗い状態になると刺激を受け、それからおおよそ10時間後に咲くようになっている。つまりたとえば夕方7時に陽が落ちると必ず次の朝5時くらいに花を咲かせる、そういった生体時計をもっているのである。

そんな規則正しいアサガオの観察は、夏休み中のウキウキ気分で生活が不規則になりがちな小学生たちにとって、早起きする理由にもなる最高の自由研究の対象なのである。

ちなみに、早起きは三文の徳とは言われているが、じつはアサガオよりもユウガオのほうが大きい花を咲かす。これは小学生たちには教えたくない情報である。

年輪はどうしてできるの？

　木を切ると、幹の切り口にいくつもの輪っかを重ねたような、しま模様が見られる。色が薄くて白い部分と色が濃くて黒い部分が交互に重なっている……そう、言わずと知れた年輪である。

　しかし年輪ができるのに、四季が大きく関係していることを知っているだろうか。

　年輪をよく見てみると、白っぽく見える部分は幅が分厚く、黒っぽく見える部分は幅が薄いことがわかる。

　じつは、四季のある国では、樹木は暖かくなった春先から夏にかけて成長がさかんなので幹のなかでどんどん細胞を造り、早く太っていく。その春から夏にかけて急速に太った部分というのが年輪の白っぽくて分厚い部分の正体だ。

　逆に夏から秋にかけては細胞を造るのもゆっくりで、わずかしか成長しないので、あまり太らない。しかしゆっくり時間をかけて太るのでそのなかに細胞がぎっしり詰まっていくので、色が濃くなるのだ。これが年輪の黒っぽくて薄い部分の正体なのである。やがて冬には成長をとめ、また春先から同じことを繰り返す。

　そうやって一年の中で白い部分と黒い部分が形成され、年輪は一年ごとに木に刻まれていくのである。つまり熱帯など、四季がなく樹々が一年中成長している地域では年輪は存在しない。

　ちなみに、バウムクーヘンとはドイツ語で年輪という意味である。そう、ドイツも四季のある国だからこそ、しかるべくして名付けられたケーキなのである。

　いずれにせよたいていのバウムクーヘンは白っぽい部分と黒っぽい部分が同じくらいの厚さになっているが、たまに白っぽい部分が分厚いバウムクーヘンを見かけると、そのリアリティーにうれしくなるのは筆者だけだろうか。

なぜ植物は紅葉するの？

"秋の夕日に照る山もみじ〜♪　濃いも薄いも〜　数ある中に〜♪♪"

聞くたびに、日本人になじみ深い秋の情景の世界にあっという間に連れていってくれるあまりにも有名なこの曲（＊）は、四季がある国ならではの産物といえる。常夏の国や砂漠の国、四季がはっきりしていない国では、秋も照るような紅葉の美しい情景も存在しないわけである。

とりわけ日本は、世界でももっとも紅葉が美しい国とも言われ、その風物詩を見たさに人が絶えることはないのだ。

ではなぜ、四季のある国の植物の葉っぱは、紅葉する必要があるのか。

春から夏にかけての高温期は、植物にとって光合成をするのに快適な季節であるが、秋になり気温も下がり太陽の出ている時間も短くなると、葉の中で光合成という仕事を任されている緑色の葉緑体と呼ばれる器官が、だんだん老化し分解してしまう。そしてそれと同時にアントシアニンという赤色の色素が葉に蓄積するから紅く見えるのだ。

なるほど。よくわかる。

いや、やっぱりよくわからない。

そう、じつは専門の学者であっても植物が紅葉するメカニズムや、なぜ紅葉する必要があったのかという理由を、実際のところ、くわしくは解明されていないという。植物は自分にとって得する行動しかしない賢い生物である。だから、紅葉することでどういうメリットを得ているのか（たしかにアブラムシなどを寄せ付けなくする効果があるなどの説もあるにせよ）、くわしくはわかっていないのだ。

ともかく、冒頭の唱歌にあるように、もみじの紅葉のさまには、濃いものも薄いものもいろいろある。日本の野山を彩る原種のそれらは、だいたいヤマモミジかイロハモミジ、もしくはオオモミジを指していることが多い。なかでもオオモミジは太平洋側に広く分布していて、その紅葉は一枚の葉っぱのなかで黄緑、黄、橙（だいだい）、赤などのグラデーションになり抜群の美しさを誇る。

＊紅葉：高野辰之・作詞／岡野貞一・作曲

世界には何種類の植物があるの？

そういえば

　一般的に、世界にはもともと 27 万種類の植物が自生しているとされている。また、園芸品種（品種改良されたものなど）を入れると、なんと 70 万種類とも言われており、とにかくその種類数は膨大である。

　植物の道を歩む人はその圧倒的で途方もない数の種類をすべて網羅できるわけではない。だからおのずとその中から自分に縁のあった植物を選択し、ジャンルを選択し、研究したり栽培したり、商売したりしているわけである。

　ところで 70 万とはすごい数字である。世界に 70 万種存在する植物がいかに多様かを伝えるのには、まずその 70 万という数そのもののスケールを感じてみるのもよいかもしれない。

　例えば、想像してほしい。この『はつみみ植物園』の本を 70 万冊積み上げていったとしたら、一体どれくらいの高さになるだろうか。ビルでいうと何階だろうか。もしくは東京タワーを超えるのか。まさか富士山くらいだとか。

　答えは、宇宙空間まで達するのである!?

　そう、

　"植物は世界に 70 万種類あり、その数は膨大なんです！"

　と、ここでおれがどれだけ叫んでも、植物が一体どんなに多様なのかなかなか伝わらない。だから 70 万という数そのものが、すごいということをわかってもらえれば少しは感じてもらえるわけである。

　ちなみにもしも、この『はつみみ植物園』が 70 万部売れたあかつきには、100 キロメートル上空の宇宙を思い浮かべながら、夜空に植物の種類の多さを想像していただきたいものである。

なぜサボテンのトゲはあるの？

そういえば

　サボテンのトゲに刺さったら"痛い"と想像するひとはいるけれど、なぜサボテンはトゲを持ち、"痛くしよう"と思っているのか、本当の理由を想像したひとは意外と少ないのではないだろうか。

　その理由のひとつは単純で、誰かに食べられないようにするためである。

　トゲをまとうことで、自分の身を守るように体を工夫するのは動物界でも見られるように、これは当然のことである。

　また、サボテンは"痛く"しようと思ってトゲを持っただけではなく、他にも理由があるのだ。

　なにをかくそう日陰を作るためである。サボテンが暮らしている砂漠は地獄のような熱さであり、過酷な環境下のなか、灼熱の太陽から逃れることはできない。だから体中に無数のトゲを生やすことによってトゲの日陰を作り、体温を下げているのだ。サボテンにトゲがあるのとないのでは、品種によっては10度ちかく表面の温度が違うらしい。

　ちなみにサボテンには、なぜ葉っぱがないかご存知だろうか。

　答えは、トゲは葉っぱが進化したものだからである。

33

知らなかった

植物が長生きできるヒケツは？

スコッチウイスキー「オールド・パー」のラベルに描かれている人物、トーマス・パーさんは、なんと152歳まで生きたと言われる人類史上最も長く生きたといわれる人物である。

動物界の長寿代表といえば、ホッキョククジラ、アルダブラゾウガメなどが有名であり、200歳ほどまで生きたと言われるが、それにせまる勢いだ。

では植物界ではどうだろう。

アメリカ・インヨー国立公園にあるブリッスルコーンパインという松は、なんと4000年以上を生きる。

そう、地球上の多様な生物において、植物の寿命はケタはずれにぶっちぎり長いのである。

なぜ、植物は他の生物に比べてこんなに長生きできるのだろうか。

じつは人や動物の場合、全ての器官は生きている細胞からできていて、常にその細胞は分裂している。しかし老化とともに細胞分裂ができなくなり、器官がひとつでも死んでしまうと人間も動物も生きていくのがむずかしい。

植物の体の仕組みで、人や動物のつくりともっとも決定的に違うところは、植物の場合、体の一部の細胞が死んでもぜんぜん生きていけるということなのだ。

たしかに、樹齢3000年以上のブリッスルコーンパインの木に実際に見て触れたとき、ひとつの木に、死んでいる部分と生きている部分がはっきりと存在していることが一目でわかった。

たとえ体の半分以上が死んでいても、松ぼっくりをつけ、子孫を育もうとする生命力を感じることができたのだ。

ちなみに、冒頭の人間界長寿代表のトーマス・パーさんについては、105歳のときに、村一番の美女を強姦して子どもをはらませ、教会で懺悔（ざんげ）させられたという伝説が残っている。もしかしたら、長生きするコツは、子孫を育もうとする生命力なのかもしれない。

なぜ神様に花や木を供えるの？

知らなかった

『日本書紀』に、「草木みなものいふことあり」とあるように、昔から日本人は草木にたいして霊的なものを抱いており、植物に神様が宿ると信じてきた。特に、冬になっても常に葉を落とさず緑色をしている常緑樹は、「永遠に変わらないこと」の象徴として特別に扱われた。

だから、めでたいものとして神棚などに供えられてきたのである。

そのなかでもとりわけ"神"の"木"として書く榊（サカキ）は、常緑樹の中でも最も用いられている。

しかし近年では日本産の榊の流通も減り、その分、中国から大量に生産された榊が輸入され、日本の花市場に並ぶようになった。

やがてそれが問屋さんや花屋さん、スーパーを経てメイド・イン・チャイナのサカキが日本の神聖な神棚などにまで進出し祀られているという、花の流通の裏側を知るとちょっと不思議な気分にもなるが、別に中国の大量生産モノだからと言って、悪いというわけではないだろう。

「知らぬが仏」という言葉があるが、神棚の飾りにせよ、仏花にせよ、まさにこのことなのかもしれない。

世界でもっとも大きな植物は？

　アメリカ西海岸・カリフォルニア州にあるセコイア国立公園に行ったときのこと。世界で最も大きな木、ジャイアントセコイアの森に紛れ込むと、あまりにも周囲の樹々が巨大で、まるでガリヴァーを見上げるような錯覚に陥ったのを覚えている。中でもシャーマン将軍と名付けられた木は世界一の巨木として有名で、目の当たりにしたときは " 世界一の大きさとは、これほどまでにすごいものなのか！" と、ただただ驚いたわけである。そのとてつもない大きさについては、この『はつみみ植物園』の兄弟本である、『そらみみ植物園』で熱心に解説させていただいているので、" そんなの初耳だ！" という人は、ぜひ買って読んでもらいたいところである。

　だが実は、そんな世界一の大きさを誇るシャーマン将軍の木よりも、大きな植物がこの世に存在するのだ。

　その正体は、なんとオニナラタケ（別名ツバナラタケ）という、キノコである。その解説については、糸井重里氏主宰の「ほぼ日刊イトイ新聞」の過去の記事に見事に掲載されていたので拝借したい。

　今を遡ること約 9 年前、アメリカのオレゴン州で、
　地中に伸びるオニナラタケの菌糸が調査されました。
　そうしたら、おどろ木ももの木さんしょの木、
　なんと、約 2200 エーカー、ええと、換算すると、約 8.9 平方キロメートル！
　え？実感ない？ありませんよねえ……、
　じゃあ、東京ドーム 684 個分ってことでどうだ！（飯沢耕太郎著『きのこのチカラ』より）

　と、言うわけで、とにかく、そのくらい広い範囲で、
　同じオニナラタケの遺伝子が確認されました。
　つまり、これをひとつの生物であるとするなら、
　推定重量 600 トン以上、推定年齢は 2400 歳…（以下略）…

（「ほぼ日刊イトイ新聞」新井文彦著『きのこの話』2012.1.10 より）

　それにしても、世界一大きな木、世界一背の高い木、そして世界一長寿の木、そして世界一大きな植物。世界広しと言えど、これだけアメリカ西海岸に世界一の植物が集まっているのは、なんとも不思議なものである。

日本にはもともと何種類の植物があるの？

　日本では、世界各国の花を日常的に目にすることが非常に多い。例えば、花屋さんに行けば海外からやってきた色とりどりの花が売られていて、街路樹には海外の樹木が並ぶ。至る所にある花壇を見ても、日本原産の花が植えられることは圧倒的に少ない。また観葉植物として出回っているものもほとんどが海外の植物であり、世界中の植物を栽培している植物園も全国にある。こうやって考えると日本はどこへ行っても、いちいち海外の植物にあやかっているということだけは、よくわかるのである。

　信じがたいことに、日本で見られる海外の植物の種類数は、園芸品種も含めて 10 万種以上といわれている。びっくりである。これを 1 つ目のびっくりだとすると 2 つ目のびっくりは、それに比べて日本にもともとあった植物はたったの約 7000 種しかないのだということである。

　つまり日本人は無意識に、日常的に世界中の植物に囲まれているわけなのであるが、その無意識という意味では、おれたちの生活に最もぴこっているのが帰化植物と呼ばれるものかもしれない。帰化植物とは、意図的にもしくはそうでなくとも海外から持ち込まれ、日本で野生化し勝手に繁殖している植物たちを指すが、3 つ目のびっくりは、その日本で見られる帰化植物の種類数は、日本在来の植物の種類の 6 分の 1 に当たる約 1200 種もある、ということである。言ってみれば、日本で自然に見かける植物ももはやどれが日本在来の植物かわからなくなっている状況ということなのである。ちなみに、この帰化植物たちの主な侵入経路はさまざまであるが、一番社会問題になっているのは畜産用に海外から大量に輸入される飼料に紛れ込んでいる様々な種子であった。

　日本人は植物を海外から取り入れ、それらを記録しはじめておおよそ 1600 ～ 1700 年の歴史があるとされている。漢字が渡来したときと同じ時代から続いているのだ。それ以前に入ってきたものは史前帰化植物と言われるが、実際は "それより昔のことは誰もわからないから、もともと日本にあったことにしよう" というのが暗黙の了解になっているのも驚きである。

　さて、こういう現実を知ったうえで、日本在来の植物を想うと、少しやさしい気持ちになってくるのである。逆に、海外の植物とともに暮らしているというありがたみや実感をよりいっそう味わうもよし、日本の植物は大丈夫なの？と心配するのもよいだろう。はたまた、目の前に咲いている花に "あなたは日本出身ですか？" と語りかけてみるのもよいかもしれない。

斑入り植物ってなに？

広瀬嘉道先生は、植物がさほど好きではないのかもしれない。でも、広瀬嘉道先生は、世界中の誰よりも斑（ふ）入り植物を愛している。

世界中の斑入り植物マニアを唸らせた"斑入り植物集"の著者である広瀬嘉道先生は、別名・クレイジーヒロセと呼ばれるほど、斑入り植物に関してはナイアガラの滝のように尽きることのない情熱を持っていた。そして斑入り植物だけに関しては情報や知識が非常に豊富で、東南アジア在住のプラントハンターや植物収集家たちに大いに慕われていた。

では、広瀬先生を筆頭に、そんな大のオトナが一生を懸けるほどの魔力を持っている、"斑"が入った植物とはなんだろう？"斑"とは、突然変異によって、細胞内の葉緑体と呼ばれる光合成を行う器官が欠損し、エネルギーを生産することができなくなった「不良細胞」が正体なのである。この不良細胞は、白や黄色に見えるので、健康な葉っぱなどでは表面にできた不良細胞部分が白や黄色の模様をつくりだすのだ。

斑を持った植物は、一般的に自然界では弱いので、自然淘汰されることも多く生きていくのが難しい。不良細胞を持った、いわばできそこないの植物であり、欧米諸国では、病気の植物だとか、性質が弱いとのことで敬遠されることが多いが、日本では江戸後期頃からそのような突然変異から生み出された珍品を愛でる文化が確かにあった。

それらの斑の入り方によって呼び方も変わるのだが、例えば、覆輪、中斑、縞斑、散斑、刷毛込み斑、脈斑、網斑、虎斑、切斑、爪斑、などと分類され、斑のパターンによって、大きく価値が変わるときがある。

例えば、観音竹。白い斑のもの、黄色い斑のもの、縞模様の太いもの、細いものなど、斑の入り方やその品種の背景によってさまざまな品種が存在し、その1つ1つに名前が付けられている。しかもそれらが格付けされ、なんと番付表（銘鑑）なるものまで存在するのだ。例えば、かつてエリザベス女王に献上された"天山白縞"はエレガントな斑が特徴で関脇クラス、きれいな明るめの斑をもつ綾錦は、観葉植物として一般によく出回るため、前頭扱いである。発見当時、一株800万円の値段がついたという"小判白縞"などは、大きくならず締まった樹形ながら白い斑が美しく、堂々の横綱である。そして平成28年現在、横綱の中でも別格とされるのが"大判の縞"で、大横綱といわれ、大きな丸い葉に乳白色の斑は非常に美しい。

また、おもしろいのは、このように観音竹の番付もまた、相撲のようにその年その年によって若干入れ替わってくることである。

「観棕竹銘鑑」（提供：日本観棕会会長・犬飼康祐）

ただ、収集家たちが熱中した斑入り植物集めも、植物であるがゆえ、成長するにつれて斑入りが消えて元来の緑色などの色にもどってしまうこともある。つまり、多額のお金を投資して優秀な斑入り株を手にいれても、場合によっては緑色に変わり、価値がほとんどなくなるときもあるのだ。そのあたりも含めて斑入り植物収集家たちは取り引きをする際に、駆け引きを兼ねているのである。ちなみに、斑入り植物が元通りの葉の色にもどることを"先祖返り"という。

知らなかった

意外や意外

日本人が食べている野菜はほとんど外来種？

さて問題。ニンジン、ハクサイ、ナスビ、ジャガイモ、ゴボウ、この中で海外からやってきた野菜はどれでしょう。

……答えはすべてである。

じつは、日本に出回っている野菜のうち約95％は海外から伝来した野菜だと言われているのだ。

日本原産とされる野菜で確実なのは、フキ、ミツバ、ウド、ワサビ、アシタバ、セリぐらいで、それ以外のおれたち日本人が日常的に食べている野菜は海外から導入されたものであり、その原産地はじつにさまざまである。農業が始まった弥生（やよい）時代以来、中国大陸や東南アジア各地から、野菜をいろいろ導入して種類を増やしたのだ。

日本中にはその地域地域の"伝統野菜"的なるものが存在するが、じつはそれもほとんどは海外の植物なのである。

おれたちはついつい身近にあるものをあたかも日本にもともとあったかのように思いがちである。

しかし、長い時間のスケールでものごとを見たときに、日本に渡ってきたのが1000年前か100年前か10年前かという、タイミングの違いだけの話だと思うと海外から渡ってきた植物に生かされていることを少しは実感できるのである。

なぜ高い山に大きな木は育たないの？

　南アルプスの釜無山（かまなしやま）には、明治時代に植林された樹齢100年を超えるカラマツ林があり、樹々の高さは30メートルほどであろうか、立派な巨木が林を形成している。

　ところで同じ樹齢100年ほどのカラマツは、富士山でも見ることができるが、なんと樹高は1メートルくらい。なんと釜無山のカラマツの高さの30分の1ほどなのである。

　なぜか……？

　答えは標高である。釜無山でみたカラマツ林があった場所は、標高がだいたい1000メートルほど。それに比べて、富士山で見たものは、標高3000メートル付近という、標高の非常に高いところだった。

　この例が物語るように、ざっくりいうと、木の背丈とは、種類が同じだったとしても育った環境次第で決まるのだ。

　厳しい環境で育った木は、それに適応するために姿形を変える。

　富士山の森林限界を超えた標高3000メートルという極限の世界で生きていける生物は非常に限られている。絶えず吹きすさぶ風雪に耐えるためにしっかりと根を張り、枝や幹を太くし、まるで自然の盆栽のようにミニチュアな形になるのだ。

　ちなみに、温暖な気候の熱帯雨林などのジャングルでは、植物が育つ環境条件がよいだけに木々が所狭しと自生する。それはそれで、陽を獲得しようと隣にいる木よりも自分ができるだけ背を高くしようとする。

　これらの例のように、木は育った環境によってずいぶんと自分の背丈を変えるのである。

観葉植物の上手な育て方とは？

当たり前の話ではあるが観葉植物とは、植物の名前ではない。人が見てたのしむという用途に対してつけられた、便宜上だけの呼び名である。だから観葉植物とは、それを見てたのしむという意味ではすべての植物をそう思えば、熱帯の植物も、砂漠の国の植物も、日本の植物も目に映るすべての植物が観葉植物であるといえる。

とにかく、観葉植物と呼ばれていても、そもそもは野生に暮らしている植物であり（園芸品種も元々は野生の植物からできている）、さまざまな環境でそれぞれそれに見合うように生きている普通の植物なのであるから育て方もいろいろあって当たり前。よく、「週に何回水をあげればよいですか？」という疑問を持つひとも多いが、たとえ、同じ種類の同じ大きさの植物でも、窓際に置いているか、屋外に置いているか、植木鉢の大きさや、季節、室温などによって全く回数が違って当たり前である。だから「週に何回あげてください」という言い方自体がそもそもおかしいわけである。

とまぁ、こういうような難しい話にしてしまうと、「うまく育てる自信がないから」と植物と暮らすことを敬遠するひとが多くなってしまう。

また、おれは仕事上、植物を育てたことのない人から、

「どうやったら植物をうまく育てられますか？」とか、

「家で植物を育てたいが、どんな植物がよいですか？」などという、質問をよく受ける。

そんなとき、おれはいつも決まってこう答えるのである。

「初めはどんな植物がよいか、を選ぶより、まず自分が好きだなぁと思える花屋さんや観葉植物屋さん、植木業者さんを選ぶことがよいかもしれません。そしてそこで働く、植物にくわしい店員さんを見つけることです」

どんな植物が自分の好みなのか、どの植物が自分の生活にマッチするのか、などは自分の生活環境や流行や気分によっても変わるかもしれない。だから大切なのは、習い事でも同じように、独りで練習するよりも、定期的に通って気軽に相談できるような人を見つけることが近道かもしれない。

植物も眠る？

　一見、動いていないように見える植物たち。でも植物たちだって、光合成したり、蒸散したり、呼吸したり、花を咲かせたり実を成らせたりと、いろいろな活動で忙しくしているわけである。私たち人間は、活動すれば体を休めるために眠るのであるが、はたして植物はそんな活動の合間に眠るのだろうか。

　答えはイエスである。

　ただし植物の眠りはいくつかの種類がある。たとえば、ネムノキ。葉を昼間に開かせるが、夜になり光を感じなくなると葉を閉じて休眠するのである。まるで人間のように、朝昼と目覚め、夜になると眠るという周期をずっと繰り返すのである。

　これと全く違う原理で眠っている植物が、たとえばチューリップやクロッカス。彼らはおもしろいことに、真っ暗な部屋に入れられたとしてもその室温が高ければ花を咲かせる。しかし同じ真っ暗な部屋でも寒い室温にすると花を閉じて眠るのである。つまり、この実験から、彼らは明るさではなく温度によって眠るタイミングをみていることがわかる。

　また、日本のように四季がはっきりしている国では、春から秋にかけての高温期は植物たちの活動は盛んになる。しかし冬になると活動を極端に休めて眠り、また春にむけて力を蓄えるのだ。

　このように植物の眠りにはいくつかの種類があるが、いずれにせよ、暗さであれ、温度であれ、季節であれ、植物は自分が眠るのに適した状況になったときにはじめて眠ることができるのである。

　そういう意味では、自分のお気に入りの「テンピュール」の枕や「エアウィーブ」の布団じゃないと眠れない！というひとは、割と植物的なのかもしれない。

植物も呼吸をするの？

"人間や動物が生きていくうえで、もっとも欠かせない運動のひとつが呼吸である。呼吸によって酸素を取り入れ、二酸化炭素を吐き出すことによって人間も動物も生きながらえている。"

そう書くと、何の疑問もなくうなずいてしまいそうになる。

なにか忘れていないか。
そうだ、うっかり忘れていた。植物も呼吸するのだ。

そう、植物も動物や私たち人間とまったくもって同じで、こうやっている間も呼吸し続けているのである。

植物は、口や鼻の代わりに、葉の裏側の気孔と呼ばれる穴から酸素を吸い、二酸化炭素を出しているのだ。

食虫植物はひとまず棚の上にあげておいたとして、植物の場合、基本的に口から何かを食べて生きるエネルギーにできるわけではない。じつは呼吸によって取り入れた酸素を植物内にあるデンプンと組み合わせて生きるエネルギーにしている。だから植物にとっても呼吸は本当に生きていくために大切な活動なのである。

酸素が少ない水のなかで生きると決めた植物も同じ。ああ見えてじつは、あの手この手で必死に呼吸しようとしているのである。たとえばハスは葉っぱの内部に空気のトンネルを作っていたり、水草の仲間には葉っぱを水面に出したいがために、葉に浮き輪を開発したものまで現れたほどだ。

よく、植物を擬人化して、"植物なのに動いているみたい！"とか、"植物なのに食べるの？"とか、"植物なのに……？"とか口にする人も多いが、もちろん、植物だって呼吸をするのだ。

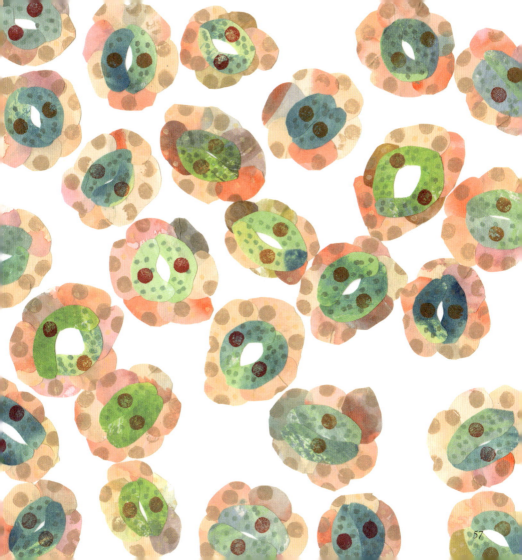

KABUWAKE

SASHIKI

TSUGIKI

NEBUSE

TORIKI

MERICLONE

違いが大事

なぜ野菜はおいしくなくて、果物はおいしいのか

じつはこれ、植物の性質から見て当たり前の話なのである。

野菜とは、植物でいう根っこや茎、葉っぱなど自分の体そのもの。だから"食べられたくない"ワケだ。植物にとって自分の体そのものを誰かに食べられるメリットなどどこにもないわけである。道理で、不味くなるわけだ。

一方、果樹が実らす果物（果実）は、その中に種があるので、鳥や小動物に食べられることで種を遠くまで運んでもらうため、"食べられたい"のである。だからおいしくなる理由があるのだ。

日本では、食欲の秋という言葉があるが、たしかに秋になると樹々の実もいっそう甘みを増してくる。これには前述のように鳥などに食べてもらいたい理由以外にもう一つワケがあって、それは樹々が寒い冬を乗り越えるための身支度である。植物は、寒い冬に自分の細胞の中が凍ってしまわないように、気温の低下を感じると糖類を細胞内に蓄えて冬を乗り切るのだが、その結果、実が甘くなるというのもあるらしい。

いずれにせよ、このように考えると、料理家が野菜をおいしく食べるために腕をふるって料理をするのは当たり前のことで、逆に果物はそのままでおいしいので、とりわけ野菜ほどその料理方法が発達しないのも当たり前のことかもしれない、と納得できる。

また、このようなことから野菜がきらいで果物が好きだという子どもが多いのも、じつは自然の摂理的に当たり前のことかもしれない、と納得できる。

しかし普段から"野菜を食べなさい"と子育てをがんばっている世間のお母さんたちのことを考えると、子どもたちには内緒にしておきたい情報である。

61

くだものってなーに？

スイカ、イチゴ、メロン、バナナ、パイナップル。

さて、この中でどれが野菜で、どれがくだもの（果物）？

ズバリ、答えはどれも "時と場合による" なのである。

実際、上記のものはすべて一般的には果物として取り扱われているが、じつは、草本性の植物になるものを野菜、木本性の植物になるものを果物と分ける場合もある。その理屈で言うと、上記のすべては、木になる実のものと違って草になる実であるがゆえ、野菜であるという説になる。

農水省でも、野菜と果物の分類については国によっても違うし、生産、流通、消費のどの段階で見るかによっても違うし、とにかくはっきりしていないんだ、とはっきり言い切っているのだ。

では、次に果物という言葉についての定義に注目してみた。

くだもの【果物・菓物】①草木の果実で食用となるもの。水菓子。生果物。『広辞苑』第六版（岩波書店）より

くだもの【果物】①木や草になる食用の果実。水菓子。『日本国語大辞典』縮刷版（小学館）より

このように、草になるものも木になるものも両方どちらも果物とする辞典もあれば、

くだもの【果物】①木や草につく果実で、食べられるもの。リンゴ・カキ・ミカンの類。水菓子。生り果物。狭義には木に生る果実をいうが、広義には草本性植物のパイナップルやメロンも含める。『大辞林』第三版（三省堂）より

というように、狭義では木になるものを果物といい、広義には草になるものも含める、と、うまく二股をかけている辞典もある。さらに、

くだもの【果物　fruit】受粉、受精後、花の一部分が肥大したものを果実といい、樹木につく果実で食用のものを果物という。〈果〉とは木につく果実を意味する言葉である。したがって、スイカ、メロンなど、草本植物につく果実は果物に含まれないことになるが、実際には、このように厳密に分類されることは少ない。果物は一般に水分が多く甘みがあり、デザートやおやつとして食べることが多いので、草本植物につく果実でも、そのような特性をもっていれば、消費の段階では果物と呼ぶのが普通である。『世界大百科事典』第2版（平凡社）より

と、丁寧に説明すればするほど、要するに "時と場合によるよ" って言っているわけである。

少なくとも、こうやって我が国が誇る辞典の決定版を4つ並べてみてもわかるように、果物の定義や野菜との違いは "時と場合による" ということだけはわかるのである。

草と木の違いはなに？

　ある日、温室の横の畑に、太さが親指ほどで高さ1メートルくらいの、オンブーという南米の植物の苗を植えた。成長が早く、なんと5年後には高さ8メートルになり、しかもその根っこは、温室の屈強な鉄パイプをへし曲げて成長するほど巨大になった。隣の農家さんは、"こんなに成長の早い木は見たことがない"と感心していたが、じつは、そんなオンブーは、なんと植物分類上は"草"とされるのである。

　清水建実氏の『図説植物用語辞典』によると、木本植物（木）は地上部が多年生存して繰り返し開花・結実し二次組織である樹皮の内側の形成層が肥大、成長するものとし、また、草本植物（草）は生存期間が短く一年以内に開花、結実し枯死し、木化しないものと定義している。

『図説植物用語辞典』というなんだか難しそうな本を書いたエライ先生に、『はつみみ植物園』なるポップな本を書いているおれが言うのもお言葉ではあるが、オンブーが物語るように、木化しないが何百年と生きる植物は実在するわけで、その定義は正しくはない。また、その定義をうちやぶる植物はオンブーだけでない。

　では、植物学としてではなく、言葉として木や草がどう定義されているか、というところを見てみたい。

　くさ【草】①木質があまり発達しないで軟らかい茎を有する植物。草本。『広辞苑』第六版（岩波書店）より

　くさ【草】[1] ①植物で地上に現れている部分が柔軟で、木質にならないものの総称。草本。『日本国語大辞典』縮刷版（小学館）より

　とある。さて、これら天下の2つの辞典といえども、多いに両方ツッコミ所がある。

　まず、両方ともに締めくくりに"草本"という言葉がでてくる。同義語だからであろう。しかし草という定義はなにかという説明を求める上で、"草"という言葉を含んだそれ以上身近でない言葉を用いても、説明としては不完全ではないだろうか。言うなれば、"寺"という言葉を理解しない人に説明するのに"寺院"と説明するようなものだろう。

　また、"草"を説明する上で、"木質にならないもの"と、木という言葉を対比されて説明した場合、今度は木の説明が明確でなければならない。ためしに"木"の定義を調べてみたところ、

　き【木・樹】①木本の植物。高木・低木の総称。たちき。樹木。『広辞苑』第六版（岩波書店）より

　とある。なんとまぁ、これまたびっくりするほど不親切である。そもそも"木"ってなに？という問いに対して高木や低木を示し、挙げ句の果てには、"樹木"ときたら、脱帽である。

　このようなことから、じつは、植物学上も、言葉としても、"草"と"木"をどう定義し、どう分けるかについてはあいまいな部分が多いということなのだ。

森と林の違いはなに？

　まったくもって残念な話である。なにが残念かというと、表題について説明しようとするとき、この本で前述してきた、草と木の違い（P64）や、果物と野菜の違い（P60）の説明と同じように、けっこうあいまいで諸説あったり、きちんと定義されていない、という前提から説明しなければならないからである。

　漢字で書くと木が3つある「森」に対して木が2つの「林」ということから、林＜森、つまり小さいものは林とし、大きなものを森とする規模の違いだ、という俗説に「なるほど！」とうっかり言いそうになるが、それは早とちりということだけは最初に言っておきたい。なぜなら、漢字としての「森」や「林」は、漢字が中国からやってきた後に当てられたもので、そのずいぶん前から存在した和語としての語源の意味は"盛（も）り"であり、"生（は）やし"であるからである。そう、日本では元来、木々が"盛る"ように自然に集まっている場所のことを「森」と呼び、人が木々を"生やし"た場所を「林」と呼んだのだそうだ。

　古代の日本人にとって、森は自然に木々が集まり神が降り立つ神聖な場所であり、林は人が植樹したり介入した場所、という解釈が有力なのである。ちなみに英和辞典をひいてみると、森にせよ林にせよ、英訳するとどちらも"Forest"である。このように、同じ木が集まっている所"Forest"でも、2つの意味が存在し、それらが大きく分かれるのは、自然崇拝がさかんだった、極めて日本人らしい部分と言えるかもしれない。

　と、こういう民俗学かぶれな説明をすると、大概のひとが「なるほどね」となりそうではあるが、逆に、ひねくれたひとが"じゃあ原生林という言葉は、手つかずの自然という意味なのになぜ林という字を使うの？"とか、"森づくりという言葉もあるが、そもそも森は人が作るものではなく、自然が作った神聖な場所という意味じゃないの？"という矛盾を思うひともいるだろう。

　じつは、一説には「森」は、木々が"盛る"ようにたくさんある"様子"のことを指し、「林」は木々がたくさんある"場所"を指すので、そもそも両者では全然意味が違う、という説もあり、これもなかなか説得力がある。

　いずれにせよ、冒頭で話したとおり、本題については諸説あり、定義がきっちりと定まっておらず、有名辞典を何冊引いてもそれぞれバラバラの解説がされている状態なのである。

　ちなみに、うちの会社にも"森"と"林"という名前の2名の男性スタッフが存在するが、両者の違いについては、直毛で自然に密集しているのが"森"、天然パーマで毛根が少し細いのでそろそろ植林しなければならないほうが"林"ということで区別できる。しかし手つかずの天然パーマの林に、人工的に植林（植毛）してよいものかどうかについては、議論の余地がある。

人間の恋愛と植物の恋愛の違いは？

　例えば毎年のように、クリスマスシーズンに街がロマンチックにライトアップされる時期になると、妙に恋人が欲しい気分になったり……

　もしくは6月の梅雨時に、一人で部屋にいると無性にムラムラしてきたり……

　そんな、経験はないだろうか。

　このように、ある一定の季節になると人恋しくなったり、人肌恋しくなったりするパターン化は、じつは植物や動物の恋愛パターンに似ているのである。

　ホッキョクグマが毎年春になるとオスがメスを探し回るように、ほとんど動物たちには周期的な"さかり"がある。また、大概の植物も同じで、季節によって"さかり"があるのだ。植物にとっての"さかり"とは……もちろん花を咲かせる行為である。花は植物にとって性器そのものであり、裏を返すと、花を咲かせている植物は、本番真っ最中ということなのである。

　例えば春になると同じ種類の植物が一斉に花を咲かせたりするのは、植物の周期的な"さかり"のメカニズムのパターンに基づいた、生理的現象なのである。

　また、植物はそうやって、時期的なサイクルで秘め事を繰り返すパターンに加え、虫や鳥を使って性の交わりをする種もいる。つまり、虫や鳥たちに花粉を運んでもらって受粉するのだ。これらを虫媒花、鳥媒花というが、なかには風すらを利用して花粉を運ぶものもある。これを風媒花というが、大概の植物は、これまたそういういくつかのパターンにのっとって恋愛を繰り返しているのである。

　さて、話は"さかり"の周期にもどるが、よく考えてみると、季節に応じて周期的に花を咲かせ果実を実らせ、種子を付けるような植物は、それゆえに同じ種類の植物であれば、おのずとみな誕生日が近い。そしてほとんどが同じ誕生月ということになる。一方、人間はどうだろうか。

　1月生まれから12月生まれまで万遍なく誕生日があるわけである。

　そう、つまり本当は人間の"さかり"に季節や周期は関係ないのである。クリスマス時期に妙に恋人が欲しくなるのも、梅雨時にムラムラするのも、あれはすべて幻想なのだ。そういう人は普段からそう思っているだけなのである。

　ちなみに、年中、恋愛し交尾するのは、世界の生物を見渡してみても、人間とボノボぐらいだそうだ。

季節とともに

門松ってなに？なぜお正月に飾るの？

　門松といえば、私たち日本人が当たり前のように正月に家の玄関に飾る季節の風物詩である。

　例えば①、正月に年神さまが地上に降りてくるときに自分の家を見つけやすいように目印として置いたことが由来……という当たり前や、

　例えば②、12月13日以降ならいつ飾ってもよいことになっているが、29日や31日に設置するのはよくない……という当たり前や、

　例えば③、門松を飾っている正月の期間を"松の内"という……という当たり前や、

　例えば④、3本の竹の比率は7:5:3であり、門松の裾（植木鉢部分）に締める3本の荒縄の数も下から7重、5重、3重となっていて徹底的に7や5や3の縁起のよい奇数になっている……という当たり前や、

　例えば⑤、スタンダードな門松は、竹を斜めに切った"そぎ"というタイプと、真っすぐ切った"寸胴"タイプの2つがある……という当たり前や、

　例えば⑥、門松に使用する松・竹・梅は、それぞれ平安時代・室町時代・江戸時代に吉祥のシンボルとされていた縁起のよい植物である……という当たり前や、

　例えば⑦、たしかに門松は神道に起源があるとされるが、神社だけでなく、お寺にも置かれている……という当たり前など。

　じつは当たり前のように正月に見ていた門松も、数え上げたらキリがないくらい、日本人として知ってて当たり前でありたい要素が結集しているのである。

なぜ花見は桜と決まっているの？

　ウルシ、ナナカマド、ツツジ、ハゼ、メグスリノキ……日本の秋を彩る美しい紅葉といえばたくさんの樹種があるはずなのに、昔の日本人は紅葉と書くとモミジのことを指すほどモミジは紅葉の代表格だった。それと同じ様に、日本の春を彩る花といえば、ウメ、モモ、フジなど数多いが、花といえばサクラのことを意味した。

　現在でも、日本の国花として他の花木を圧倒するその存在感は言うまでもないが、実は、サクラがその地位を築くのは平安時代以降なのである。なぜなら奈良時代は、遣唐使という名のプラントハンターが日本に持ち込んだばかりのウメが大ブレイクしていたからだ。花見の起源も、奈良時代にウメを見るのが始まりだったが、いつの間にかサクラがとってかわるようになった。

　その一番の理由は、サクラが神さまが降り立つ特別な木だったからだろう。古代の日本人は、八百万（やおよろず）の神さまのなかでも山や田の神さまを「サ」と呼び、その神さまが鎮座する場所を「クラ」と呼んだ。それらを冠する名を付けられたサクラがどれほど特別な木だったかは想像できよう。神さまは大のお酒好き、祭り好きで有名ということもあり、サクラの下で宴（うたげ）をすることが農耕民族としての行事になったようである。

　さて、そんな歴史的見地ぶった説明を聞いているだけで眠くなるという人のために、サクラという植物の花が性質的に花見に適している、ということも追記しておきたい。

　実はサクラの花たちは、そもそも隣の花にぶつからないように枝から長い花首をだしてその先に花を咲かせるので（花が終わった後に実るさくらんぼを想像するとわかりやすい）、必然的に花の重さで花は下に向けられることになる。花は枝からぶら下がっているわけだから、下から見たときにきれいに見えるようになっているのだ。同じバラ科の花木でもウメやモモの花は枝にくらいつくように花が咲いており、そうはならないのだ。また、まだ寒い時期に咲くウメやモモと違い、木の下で宴を開くタイミングとしてもサクラが咲く季節は、暖かくなり始めた最高に気持ちよい季節だということもあるだろう。

　サクラが咲く頃に近づくと、毎年のように日本中の国民がその花が咲くのを待ちわびる。そしてひとたびその花がどこかで咲けば、毎年のように必ずやニュースになる。「そら植物園」が誰かのためにサクラを咲かせると、毎年のように必ずやニュースになる。これもまた、特筆しておきたいものである。

なぜ花粉症になるの？

　冬が明け、だんだん春めいてくる 3 月になるとスギ花粉が飛散し、鼻や目がむずがゆくなってくる。そう、日本人の約 4 分の 1 が患っているという花粉症の季節の到来である。いまの日本ではすっかり当たり前になってしまった現象であるが、ではスギなどの花粉がどうやって人にアレルギー反応を引き起こすのか、そのメカニズムを知っているだろうか。

　もともと人間の体には体内に侵入してくる異物をやっつける仕組みがある。ちょっと難しく言うと、体内に侵入してくる花粉などの抗原に対して、抗体を作り出して対処する仕組みが備わっているのだ。

　しかし、グラスに水を注ぎ続けるといつかは水があふれてしまうように、その抗原と抗体が、ある一定量を超えるとあふれてしまう。それが抗原抗体反応、つまり、アレルギー反応というわけである。もちろん、その一定量を超えたときに、それが免疫として乗り越えられてしまう人もいるのだが。

　とにかく私たちを悩ます花粉症の花粉はいろいろあるが、主な原因は、日本中に植えてしまった途方もない数のスギが放つ花粉である。スギは、かつて木材としてだけではなく、山の保水性を高めたり他の樹木より二酸化炭素を吸収する力が強いということで重宝され、大量に植えられた時代があったのだ。

　しかし、近年では花粉症はスギ花粉だけの問題ではなく、現代人の体質が変わってきたからだという説も多い。例えばストレスの多い生活環境、自動車の排気ガスによる大気汚染、そして塩素の多い水道水などが影響しているなどとも言われているのである。

　なにはともあれ、花粉症は、患ったひとにとってみれば厄介で迷惑な病気以外の何ものでもない。このたいへん迷惑な花粉症のメカニズムをひも解き、1964 年にスギ花粉症の論文を発表した齋藤洋三氏は、後に “花粉症の父” と呼ばれるようになった。

　“花粉症の父” という微妙な肩書きに齋藤さんが迷惑していないかは少し心配したいところであるが、いずれにせよ、近年では花粉症の人ほどガンでの死亡率が低くなるという研究結果が発表されていたりもすることから、花粉症研究者の進歩には期待したいところである。

なぜ母の日にはカーネーション？

　母の日にカーネーションを贈り始めた由来は諸説あり、それは国によって違う。しかしその中でも最も知られているのが、アンナ・ジャービスとその母の物語ではないだろうか。

　アメリカに住んでいたアンナの母は、かつて北部と南部の平和的和解のために平和活動をしていたが、1905年にこの世を去った。

　その3年後、アンナの母を偲んでフィラデルフィアの教会で執り行われた追悼の会で、アンナは出席してくれた人全員に、自分の母がかつて好きだったという白いカーネーションを贈ったという。これがカーネーションが母に対する感謝の気持ちを伝えるシンボルとなるきっかけになったのだ。

　さらにこの出来事は人々の心を動かし、アメリカ連邦議会が1914年5月の第2日曜日を母の日と制定し、その翌年から晴れて母の日は国民の祝日となった。

　現在、母の日には赤いカーネーションを贈るのが一般的である。あの日アンナが贈ったのは白いカーネーションだったが、後に赤色のものに定着したのは母性愛の象徴だったからと言われている。いずれにせよたった一人の娘の愛あふれる行動が世界中に広まったということにはかわりない。

　それにしても、いまとなっては世界中の花屋さんにとって母の日は"年に一度の大繁忙期"であり、みな夜なべをして必死にカーネーションの花束を作る。また、百貨店などではたくさんのイベントが催され、"母の日商戦"が毎年のように繰り広げられるようになったのだ。花の普及を目指す花業界にとっては素晴らしいことではあるが、少なくともその根底には、ひとつの母娘の愛の物語からはじまっていることも、忘れずにいたいものである。

クリスマスツリーとは？

クリスマスツリーといえば、モミの木。じつはコレ、日本人だけなのである。

そもそもクリスマスツリーの由来は諸説あるが、一般的にクリスマスはキリストの誕生日だと言われているように、キリスト教の影響が大きく関わっていることには間違いない。確実なのはこのような文化はヨーロッパからやってきたということで、その中でも最も有力なのが、樹木信仰の深かったドイツの先住民が「木には妖精が宿っていて、食べ物や花を飾れば力を与えてくれますよ」と、伝えたことが始まりとされる説である。

ヨーロッパの厳しい冬でも葉を落とさず、豊かな緑を与えてくれることから永遠の命の象徴として、モミの木は……じゃなかった、ドイツトウヒはクリスマスツリーとして飾られてきたのである。そうそう、クリスマスツリーの本場ヨーロッパで使われているのは、モミの木ではなくドイツトウヒなのである。日本にもトウヒの仲間は自生しているが、なぜトウヒではなくモミの木が使われるようになったかというと、それは勘違いがきっかけだった。ドイツトウヒ（Picea abies）の種名 abies と、モミ（Abies firma）の木の属名である abies が同じだったため、昔の人が勘違いしてしまったようなのである。それ以来、日本ではうっかりモミの木がクリスマスツリーとしての地位を確立したのである。

日本ではキリスト教徒の割合が 1%を超えたことはなく、これは世界中で最も少ない国のひとつであるが、時期になるとちゃんとクリスマスに乗っかって楽しむ国民性は、モミでもトウヒでもどっちでもよい的なユルさも含めてなかなかの鈍感力なのである。

ところで、近年ではプラスチックでできたクリスマスツリーがいたるところで街を彩り、なんの疑問もなく人々がそれをきれいと言うようになった。しかし、そもそもクリスマスツリーとは、樹木信仰が背景にあり、妖精が宿る常緑の樹木に対して飾りをしたことが始まりだと考えると、さすがにプラスチックや電飾だけでできた偽物ツリーが、うっかりクリスマスツリーとしての地位を確立することになってきつつあることを思うと、少々胸が痛む今日この頃である。

Part II
はつみみプロジェクト

こんなの聞いたことがない！
清順がしでかした
前代未聞の植物ワールド。

Date:2012/1 〜

植物との共存空間／代々木 VILLAGE

そら植物園の設立、活動開始とともに竣工した初プロジェクトとして、唯一無二の空間の植栽計画を担当。デザインに重きをおかず、「共存」という言葉をテーマに、世界各国を代表する植物がボーダーを超えて仲良く暮らすファンタジーな世界観を代々木 VILLAGE（ビレッジ）に表現。また、育った環境のちがう植物をいっしょに植えることで「来園者を心配させる」こともコンセプトのひとつ。季節ごとの植物の入れ替えや手入れは、定期的にボランティアさんとのワークショップで行っている。

ここが初！
東京都内の屋外で、
世界各国の植物の共存を
目指した、初の試み。

Date:2012/3/22 〜 25

日本全国の桜の同時開花／ルミネ有楽町店

震災一年後の春、ルミネ有楽町店にて都内一早い花見をしたいという依頼を受け、箭内道彦氏らとともに挑んだプロジェクト。

復興を祈願し、日本全国各 47 都道府県すべてから桜を集め同時に咲かせてほしいという前代未聞のミッションのもと、被災地で津波に耐えた桜はもとより、原爆に耐えた被爆桜の枝を広島市植物公園から、高知県の牧野植物園からは牧野富太郎氏が名付けたセンダイヤという桜を、長崎県の大村市からは門外不出の大村桜を、京都からは世界遺産銀閣寺の庭園の山桜など、日本中の公共施設、寺院、個人、企業、植物園、大学等に協力してもらい桜の枝を集めた。そしてそれらすべての都道府県から集まった桜をイベント当日にひとつの植木鉢に咲かせ、「日本はひとつ」という大きなメッセージを掲げることに成功。日本中を駆け巡る大きなニュースとなった。全国から数々の感動のメッセージが寄せられ、イベント期間中、桜の下には人が絶えることはなかった。

ここが初！
47 都道府県から桜を集めて
一挙に咲かせるという前代未聞の、
初のプロジェクト。

Date:2012/7/26

砂漠のバラ／ほぼ日刊イトイ新聞

「ほぼ日刊イトイ新聞」を主宰する糸井重里氏と清順の、ひょんな立ち話から始まり企画された砂漠のバラの栽培キット。販売開始後、数秒で合計3000セットが完売するという異例の成功を納め、植物業界のみならず周囲を驚かせた。

また、同時販売された巨大な砂漠のバラや樹齢200年のオリーブも完売。第二弾を待ち望む声が多い。

ここが初！
販売開始後、
数秒で合計3000セットが完売。

89

Date:2012/8/20 〜 26

TOYOTA AURIS ／
代官山ヒルサイドテラス

プリウスなど、エコカー路線で業界を切り開いていくトヨタが、あえて一風変わった新型車AURIS（オーリス）」を代官山ヒルサイドテラスで発表する際に、コンセプトに見合った植物をいっしょに発表したいというミッションのもと遂行されたプロジェクト。"常識に尻を向けろ"という強いコンセプトに見合う、水も土もなくても半年も生きる砂漠の植物を提供。代官山アートストリートの一環で企画されたこの展示は、アート業界にも大きな反響を与えた。

ここが初！
"常識に尻を向けろ"
というコンセプトの車を、
常識外の植物とともに発表した。

Date:2013/10/12 〜 11/17

世界一周植物園／ハウステンボス

ハウステンボス内の巨大プールを会場として開催され、1か月で2万人を動員したアカデミックかつエンターテインメント性のある期間限定の植物園。その名の通り、回遊式の植物園は一周すると南米→オセアニア→アジア→北米→ヨーロッパ→アフリカをまわる。それぞれくわしい生態が記された世界の各大陸を代表する珍しい植物に出会える構造になっており、世界を一周した気分になれる。

植物の配置をデザインすることではなく、コンセプトの強さと植物そのもののおもしろさを引き立たせることに心を尽くした展示。

出口ゲートに設置した感想ノートは、来場者の感動と感嘆の声でいっぱいになった。

ここが初！

世界一周の気分を味わえる、
初の回遊式の期間限定植物園。
世界五大陸の珍しい植物に出会える。

92

Date:2012/10 〜 2015/5

オーガニックシティ／パークシティ大崎

三井不動産グループが 20 年かけて計画してきた、東京都内最大規模の市街地再開発プロジェクト「パークシティ大崎」の植栽計画をプロデュース。"オーガニックシティ"というコンセプトをもとに、その基本構想から樹種のディレクションを担当した。

「大崎に住む」＝「Osaki-Live」＝「O-live」という言葉あそびをもとに、平和と繁栄の象徴として街のシンボルツリーをオリーブの木に選定し、街の中心となる交差点や街の入り口にも樹齢 500 年のオリーブを植樹した。

また、街路樹には 7 種類の異なった樹木を混ぜて植えることで新しい街路樹のあり方を実現し、街のいたるところに個性的な木の実のなる木、曲がった木、巨木、ストーリーのある木、計画時には海外にあった木などもシチュエーションやコンセプトに応じて提案・供給。流通にのった木を植えてきた日本都市緑化に新しい風をもたらした。2015 年 5 月完成。

ここが初！
樹齢 500 年のオリーブや
7 種類の樹木をバラバラに配して
街路樹にした、初の試みとなった。

Date:2013/12/6

NHK Eテレ「課外授業 ようこそ先輩」／
兵庫県川西市立川西北小学校

自分の母校、川西北小学校の5年生を対象に、植物のおもしろさを教える授業をするため2日間にわたって先生として登場。校舎の一角に突然ジャングルを作って子どもたちをサプライズさせたり、農場に子どもたちを招いて、巨大お化け鶏頭の植え替えに挑戦してもらう。

1度目はあえてなにも教えない。子どもたちは植物を枯らしてしまい、失敗でショックを受けるが、次の日には、きちんとした植物の"手術"の仕方が伝えられた。植え替えられたお化け鶏頭は、実際にハウステンボスの世界一周植物園に納品された。
5年生は2クラスあったが、規定上、1クラスしか授業ができないことに心を痛め、放送されなかったもう片方のクラスを自社温室に招いていっしょにジャングルを作ったり、後日、小学校の記念樹を植えたりした。子どもたちに植物のおもしろさを伝えるにはいろいろな意味でサプライズが効果的であった。
おひさまのもとで地元の子どもたちのために青空教室ができたことはとても感慨深く、そして、お礼に自分のために5年生全員が音楽会を開いてくれたことは、夢のような出来事だった。

ここが初！
アンコール放送が大好評を得て
7回にもわたり放送された。

Date:2014/2/28

オフィス空間緑化プロジェクト／
Sansan株式会社　表参道オフィス

"ビジネスの出会いを資産に変え、働き方を革新する"というSansanのミッションを体現した、オフィス緑化プロジェクト。
社員の創造性と生産性が高められる空間を創出した。
（参考：Sansan公式サイト）

ここが初！
植物の使い方が評価され、
第27回日経
ニューオフィス賞受賞。

撮影：太田拓実

Date:2014/4/2〜6

国際眼科学会での"おもてなし桜"／東京国際フォーラム

世界中のVIPが集まる国際眼科学会のオープニングパーティで、大きな桜を咲かせてほしいという依頼に応えて咲かせた桜。

日本では36年ぶりの開催で、この学会のために羽田空港が一時的に増便するなど異例の対応をするほどの大きな学会で、世界135か国から約2万人が集まった。

日本からは皇太子さまもご臨席、ご挨拶された巨大な開会式で、そのパーティの迎え花となった桜は大きな反響を呼び、その桜の下で英語のスピーチも行った。のちに世界のひとに向けた"おもてなし桜"と名付けられた。

ここが初！
135か国のVIPが、
同じ場所で同時に
桜を見上げることになった。

Date:2014/7/14 〜 8/10

シルク・ドゥ・ソレイユ『オーヴォ』
公演イベント／グランフロント大阪
北館 6F　UMEKITA　FLOOR

世界的エンターテインメント集団シルク・ドゥ・ソレイユ『オーヴォ』の大阪公演に合わせた衣装展と、そら植物園の植物がコラボレーションしたイベントが開催された。
イベント時には『オーヴォ』の主人公に扮した坂田利夫氏、今くるよ氏、間寛平氏とともにトークイベントも行われた。

ここが初！
シルク・ドゥ・ソレイユ『オーヴォ』
の世界観と植物が、
見事にコラボレーションした。

Date:2014/10/26 〜 11/3

東京デザインウィーク／
明治神宮外苑

1986年より例年開催されている、建築、インテリア、プロダクト、グラフィックなど優れた生活デザインとアートが世界中から集まる国際的なクリエイティブイベント「TOKYO DESIGN WEEK」(東京デザインウィーク）にて、イベントのシンボルを担当。
数か月前にアルゼンチンの山奥でハンティングしてきた巨大なパラボラッチョを会場に運び込み、大人から子どもまで会場の参加者でシンボルを植樹するイベントを行なった。

ここが初！
東京デザインウィークの
シンボルに、
初めて植物が登場。

Date:2014/11/6

キセラ川西まちづくり／
キセラ川西オリヴィエ

地元、兵庫県川西市より「キセラ川西まちづくり大使」として任命され、キセラ川西せせらぎ公園と呼ばれる大きな公園・遊歩道の植栽計画を担当するとともに、キセラ川西の大型新築分譲マンションオリヴィエの植栽も担当した。またキセラ川西せせらぎ公園には、日本一の里山といわれる川西市北部にある黒川地区の植生を再現するため、地元住民や市の職員とともに黒川地区独特の「台場クヌギ」、そして公園のシンボルとなる「エドヒガンザクラ」などの巨木を、黒川地区より移植するプロジェクトにも挑戦中。

ここが初！
日本初の、
集約都市開発事業認定を受ける。

Date:2014/11/7 〜 12/25

エアープランツのクリスマスツリー／
ミッドランドスクエア (名古屋)

名古屋駅中心に建つ複合商業施設であるミッドランドスクエアにて、クリスマス装飾をプロデュース。5層吹き抜けのアトリウムに、エアープランツで作ったクリスマスツリーを設置。これまでにない、完全に植物だけで作られたクリスマスツリーは美しく、幻想的な世界観で、訪れる人々を魅了した。

ここが初！
初のエアープランツを使用した
巨大クリスマスツリー。

Date:2015/3/1 〜 3/31

髙島屋が植物園に!?／
髙島屋（日本橋店、新宿店、横浜店、大阪店、玉川髙島屋 S・C）

髙島屋の各店舗に、清順がプロデュースした植物園が出現。

重要文化財である日本橋店では、昔の大英帝国がロンドン万国博覧会を催した際の巨大なガラスの温室「クリスタルパレス」をイメージし、正面玄関ホール、正面ウィンドー、地下ウィンドー、VP ゾーンに 200 種類以上の植物たちが登場。

代々木 VILLAGE での CM 撮影、全店舗のビジュアル撮影も監修し、期間中は全国の髙島屋が一気にボタニカル一色となり話題になった。

ここが初！
一夜にして、
デパートに植物園が出現！
来店顧客からも絶賛された。

撮影:渡邊真一郎

Date:2015/4/3

空間プロデュース／
ルイ・ヴィトン 表参道店

「ルイ・ヴィトン 表参道店」のリニューアルオープンを記念して、写真家・映画監督の蜷川実花氏が"江戸のお花見"をコンセプトにパーティ空間をプロデュース。
その会場いっぱいに大きな枝垂桜を咲かせた。その桜の下で歌舞伎俳優の尾上松也氏が可憐に舞うという唯一無二の空間は、招待客を魅了した。

ここが初！

ルイ・ヴィトン初の桜の演出。
会場いっぱいに桜の花を咲かせ、
その下で
歌舞伎俳優が可憐に舞う
という空間は、
招待客を魅了した。

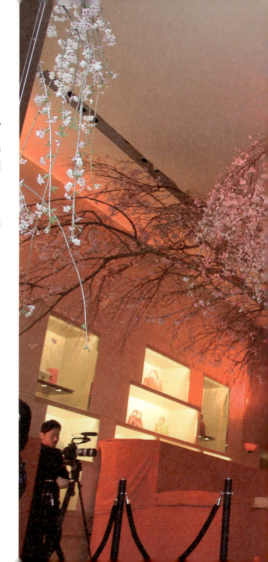

Date:2015/7/3 〜 8/16

ウルトラ植物博覧会／
ポーラミュージアム アネックス

銀座のポーラミュージアムアネックスに世界の驚くべき植物 50 種類以上を集結させた植物の博覧会「ウルトラ植物博覧会」をプロデュース。
世界の植物の多様性とその文化的背景を知ってもらうことで、よりいっそう植物の魅力を伝えるようにした。子どもも大人も、連日大勢の人が詰めかけた。

> ここが初！

ポーラミュージアム
始まって以来の、
初の植物の展覧会。
過去最大の
27000 人の動員数を樹立（当時）。

114

Date:2015/autumn

広告出演／株式会社ユニクロ

ユニクロの定番商品であるフリースのプロモーションに、モデルとして出演。
ユニクロのイメージ、「自分のやりたいことに夢中で取り組み、生き生きと今
を生きている。そのライフスタイルや作り出すものが世界に影響をあたえて
いく。フリースを寒い中で、自分のものとして自然と着こなす人」としてプ
ロモーションに参加した。

映像は日本だけではなく、グローバルに展開されており、ＵＫ、フランス、
ＵＳ、ロシア、韓国、中国、香港、台湾、タイ、シンガポール、マレーシア、
フィリピン、オーストラリア、インドネシア、ドイツでも使用された。

ここが初！
アメリカ政府の許可を得て、インヨー国立公園で
世界最長寿の木とCM撮影を行った。

軽やかに心地よく、生きてゆく。ユニクロのフリース

Date:2016/1/

植物ブランド「花園樹斎」／株式会社中川政七商店

1716年に奈良の地で創業し、現在では全国に多数の直営店を展開する中川政七商店から、植物ブランド「花園樹斎（かえんじゅさい）」がデビュー。そら植物園が植物監修をする「花園樹斎」は、「"お持ち帰り"したい、日本の園芸」をコンセプトに、日本の園芸文化の楽しさの再構築をめざしている。日本の四季や日本らしさを感じさせる植物。植物を丁寧に育てるための道具、美しく飾るための道具。持ち帰りや贈り物に適したパッケージ。忘れられていた日本の園芸文化を新しいかたちで発信する。

ここが初！
思わず持ち帰りたくなる
日本の園芸をコンセプトにした
植物や園芸道具をプロデュース。

©Shungo Takeda

120

Part III

はつみみボイス

実はけっこう書いたり話してます！
清順がいろいろなメディアに残した
はつみみなメッセージ集。

Voice 1

別におれは、アーティストでもなければデザイナーでもなくて。
ただ、ありのままの植物の植物を届けているだけです。

（ユニクロ「フリース CM」 ロングインタビューより）

Voice 2

この時代、意味のある緑化こそ
強いメッセージを持っていたり集客装置になることを、
企業が気づき始めているんだと思います。

（2015年5月「ガイアの夜明け」にて）

Voice 3

「清順スタイル」はない。あえて言うならば、どんなニーズにも応える。
それがおれ流、かな。

（チェンジメーカー オブ ザ イヤー 2015 取材記事より）

Voice 4

何をせずとも「環境を思いやりましょう」と
口にするだけで得られる薄っぺらい自己正義感が、
あぶないと思うんですよね。

（朝日カルチャーセンター、友人の脳科学者・茂木健一郎氏との対談より）

Voice 5

野性味があって感覚がすごいみたいなこと言われますけど、
僕は理屈っぽいんですよ。
どうやったらその植物を感じてもらえるか、どうやったら効果的かってことは、
理論的に考えるのが好きです。感覚だけで仕事はしませんから（笑）。

（2015 年 7・8 月創刊号「ku:kan」より）

Voice 6

日本ほどミーハーな国はないんですよ。
ほら、外務省のみなさんがネクタイを締めているのが象徴しているように、
遠い昔から日本人は海外からいろんなものを取り入れてきた。
植物を輸入してきた歴史も 1600 年以上ある。
だから日本らしさって何か？って考えたとき、肩の力をいれず、
他の国の文化を尊重することが逆に日本人らしい " 和 " の心だと思いませんか。

（外務省「JAPAN HOUSE　プロジェクト」の記者会見にて）

Voice 7

オリーブの木は、平和と繁栄の象徴として、
国連やオリンピックのシンボルにもなっているし、
実のなる木としては世界一、長生きの木なんですよ

（TOKYO FM「ももいろクローバー Z の SUZUKI ハッピー・クローバー」で、
メンバーの「私生まれ変わったらオリーブの木になりたい」という言葉に対して）

Voice 8

たった一個の植物を輸入するだけでも、
言ってみれば国と国との契約なわけですよ

(2015 年 11 月　安住伸一郎の「日曜天国」より)

Voice 9

「森を大切にしましょう」と言いすぎない、ということです。
若者の耳が聞き慣れすぎている言葉だから、
「ああ、そっち系か」とすぐ思われてしまう。
たのしいのが大切だと思います。

〈糸井重里氏、細川護熙氏、岸由二氏と『ほぼ日刊イトイ新聞』の対談企画で。植樹活動についての持論を展開〉

Voice 10

植物とともに暮らし、植物を扱う人間に、
環境や生態系のことを論じたり、
植物を人間のエゴで扱うのはかわいそうという偽善論をいうことは、
先史時代から現在に至るまでの人間の生きていた営みの軌跡、
すべての前提を否定することになる

（2013 年 7 月号「趣味の園芸」連載より）

Voice 11

おれにとって花や植物はメッセージ。
音楽も、写真も、花も、すべては同じ。
結局はメッセージやと思います。

（2013 年 4 月号「趣味の園芸」連載より）

Voice 12

この桜を一緒に見上げて共有できる幸せは、みな一緒です。
たとえ、みなさんがどんな色の瞳をもっていようとも。

（皇太子さまもご臨席された国際眼科学会のオープニングセレモニーでの挨拶で、135か国から集まったVIPを前に。）

Voice 13

芸（藝）っていう文字は、
もともと「木を植える」という意味があるみたいなんです。
だから芸術家とおれはそもそもご縁があるんですよね

（代々木ヴィレッジ「夏祭り」小林武史さんとの対談より）

Voice 14

環境問題うんぬんが取り沙汰される昨今、
「自然や植物を大切にしましょう」という風潮のなかで、
まずは純粋に植物そのもののおもしろさを伝え、
「物心」つくきっかけをつくりたいと思う。

(2013 年 8 月号「文藝春秋」より)

Voice 15

おれは、別に植物を流行りにしたいわけじゃないんです。
だから雑誌社の取材をほとんど受けていないですよ。
自分が本を出版して宣伝したい時以外はね（笑）。

（NHK の取材で、「いま植物が流行っているじゃないですか?」という問いかけに対して）

Voice 16

政治家ですかね。
だって本当に都市に緑を増やそうと思ったら、
植木屋ではなく政治家になるほうが早いと思うからです

（多摩美術大学主催のシンポジウムでの長谷川裕子さんとの対談で、
「プラントハンターじゃなかったらどんな仕事をしていましたか？」という質問に対して）

Voice 17

植物が好きっていう気持ちは、
年齢も、
国境も、
宗教ですら超えて、
わかりあえるもの

(NHK スペシャル「地球を活け花する」より)

Part IV
はつみみプロフィール

初公開します！
血液型、家族、趣味……
清順丸裸。

Birthday

1980年10月29日生まれ
さそり座
Ａ型

Family

妹が二人
二歳児のパパ、娘は最近おれの乳首を赤ちゃんと呼ぶ。

School days

学生時代はモテなかったが、モテ期は 30 歳から現在に至る。
元高校球児。ポジションはファースト。

Hobby

趣味はクラシックギター　車の中でも練習曲を聴いている。
ベン・ハーパーが大好き。

Hobby

インスタグラムにちょっとハマっている。
真剣にスマホを見ているときはインスタグラムをしている。

Hobby

サーフィンが好き。腕前はいまいちだが、
会社にサーフィン部をつくっている。
植物は好きでも、虫や動物には興味がない。

Face

昔メガネをかけていたが、アフリカに行く前に、どうしても裸眼で見たかったのでレーシックをした。
かつて 20 歳前後の頃は、眉毛を整えていた。
じつはイチローに似ていると言われたことが何回もある。
天然パーマではなく、定期的に美容室でパーマをあてている　大阪の藤井寺にある LIDDELL という美容室が行きつけ。

Wear

ひもつきの靴は履かない。めんどうくさいので、
その時間があったら1秒でも植物のために使いたいから。
ネクタイが自分で締められないので、
スタッフに締めてもらっている。

Drink

酒が弱いので、アシスタントを身代わりにしている。

Food

おでんとモチが食べられない
特にモチは食べると必ず吐く。

好きな食べ物は、
ステーキ、白飯、
ラクサ
(ボルネオ島でずっと食べていた
カレーラーメンのこと)、
カニ、
(ちょっとウインナーも好き)。

Health

30歳過ぎごろから末端冷え性である。

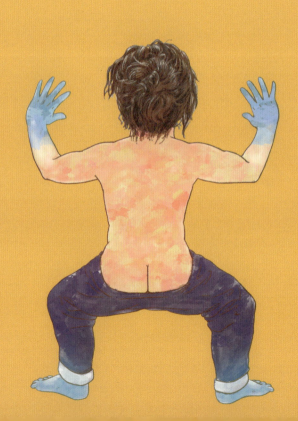

一日3回大便をする。
トイレにいくと10分は帰ってこないので昔、
奥さんに浮気していると怪しまれたことがある。
おならとげっぷはありのままの自分でいるために隠さない。
他人よりおならとげっぷの回数が多いのは、
悪い邪気をすいとって出しているからだという説を信じている。

Title

川西市民文化賞。
新しい世界を切り開くリーダー選出プロジェクト「チェンジメイカーオブザイヤー2015」に選ばれた
（主催：日経ビジネスオンライン）。

Weakness

ヘッドスパをすると、なぜか熱がでる。
農薬が苦手で、農薬を使っている場所かどうかが頭痛でわかる。
タバコは生まれて一度も吸ったことがない。煙が苦手。

Jinx

エスカルゴは食べない。以前、植物輸入の際にカタツムリが原因で検疫に引っかかり、
植物を輸入できなかった苦い経験があり、
エスカルゴを見ると、思い出してムカつくから食べない。
ジュースなどの飲み物を少しだけ残す癖がある。
それは昔、山仕事中に飲み水がなくなったというトラウマからそうなった。
じつはかなりの雨男。だけど植物にとっては逆にハッピー。

Life

年間に約100日が海外暮らし。
生活の7〜8割はホテル暮らし。
料理、洗濯、家事、掃除はまったくできないし、今回の人生ではやらないと決めている。

Plant hunter

プラントハンターと名乗るようになったきっかけはブログ。友達がデザインしてくれたのだが、
そのときつけてもらったタイトルが"Plant hunter"だったため、そう呼ばれるようになった。
ちなみに2016年のお給料、年収は1億円。

おわりに

　たとえばあの時代に、誰かがスペインにひまわりの種を運んでなかったら、ゴッホの傑作「ひまわり」は生まれていなかったのではないか。

　たとえばあの時代に、コロンブスがトウモロコシをヨーロッパに運んでなかったら、いったいどれだけの人が飢え死にしていただろうか。

　カザフスタンの道端で売られていた野生のリンゴの苗が、たとえばあの時代にトルコを経由してヨーロッパに広まらなかったら、ニュートンは、人類は、いったいどれだけ重力の発見に遅れただろう？

　1980 年〜 2000 年の 20 年間、アフリカだけでおおよそ 2000 万人の命をうばったエイズという恐ろしい病気の脅威におびえていた人類に、一筋の希望の光を与えたのが南米の古代文明で「涙を流す木」として知られたパラゴムの樹液だった。その樹液はコンドームという名で姿を変え今日も世界中で活躍していると思うが、このように、今となっては当たり前のように身の回りにある植物や、それらが姿を変えたものの恩恵によって世の中は成り立っている。

　とにかく、ひまわりやトウモロコシやリンゴやパラゴムの木が物語るように、芸術も、食も、科学も、産業も、ありとあらゆるジャンルからみても、人類の歴史が大きく動いたその舞台裏で、世界を変えた植物を運んだプラントハンターたちの存在があったことは、紛れもない事実なのだ。

　しかし、ここで勘違いしてはいけないのは、彼らプラントハンターたちは第一に世界を変えようと思って植物を運んだのではないということである。世の中の多々ある職業に従事している者と同じように、一つの職業として雇われ、金になるから働いた……そ

んなシンプルな話が根底にはあるだろう。

　そしてそれは、もちろんおれ自身も同じである。

　2012年、家業である卸業に加え、"人のこころに植物を植える活動"としてスタートさせた「そら植物園」も、さまざまな企業の植物プロジェクトを成功させ、それなりにたくさんの方に絶大なる支持をいただいているが、実際のところは、そもそも「そら植物園」をスタートさせたのも、世のため人のためにと大それてやってきたわけではなく、どちらかというと、おれ自身が植物が好きで一人でも多くの人に魅力を伝えたいという共有欲の心理が作用したことが大きい。

　そしてもっと正直に言うと、事業として自分自身が食べていくために始めざるを得なかったという理由が一番なのである。

「この会社は20年来ずっと赤字で、倒産しているも同然だから、一度会社をつぶして、清順さんがまた新しい花宇という会社を作ってやりなおすべきですよ!」

　先代から億単位の多額の借金とともに家業である"花宇"という卸問屋を引き継いだとき、税理士にそう言われてポカーンとした記憶がある。

　花宇といえば、おれの曾じいちゃんやじいちゃんが活躍したお陰で業界内では名が売れていたが、実際の事情は大変だった。おれがまだ駆け出しの20代の頃は、どうしても仕入れたい植物があっても会社にお金がなさすぎて、自分のなけなしの給料から出してまで仕入れたことすらある。また、金融機関からの借金を返すために借金をすることを繰り返していたときのことを思い出すと、本当に心細かった。二度とあんな

155

思いはしたくない。そんな強い思いから、自分が事業の舵をとってからは、仲間と血に
まみれるほど死ぬ気の努力とアイデアで働いた。

　その結果、たった数年でスッポンから月ほどまでに会社を立て直すことに成功したが、
その大きな要因になったのが「そら植物園」の設立だった。知る人ぞ知る存在だった
老舗の卸屋が初めて立ち上げた「そら植物園」は、瞬く間に母体である花宇を支える
強力なブランドとなり、経営基盤となった。
「そら植物園」はただの植物プロジェクトのコンサルティングをしているだけではない。
花宇の培ってきた伝統の技術を存分に駆使し、ハンティングしてきた植物をより強く、
よりリアルに世の中に対して投げかける。メディア関係者は、「そら植物園」が設立す
る前の3年間と設立後の3年間では雑誌各社の植物特集の量が激増したという。

　しかしもう一度言うが、そんな「そら植物園」だって、もともとはおれやスタッフが食
べていくために必要だったものなのである。いくら格好つけたとしても人は皆、自分が
生きていくためにありとあらゆる手段をとるのが自然であり、おれもその御多分に漏れ
ない一人なのだ。

　そのはずだった。

　ただ最近、おれにちょっとした心境の変化というか、欲が出てきたのである。

　"あわよくば自分の植物仕事で世の中の役に立ちたい"

という欲である。

　「そら植物園」を漢字で書くと"宙植物園"と書く。中国・漢の時代の『淮南子(えなんじ)』の第十一巻「斉俗訓(せぞくくん)」では、「往古今来、之を宙と謂(い)い、四方上下、之を宇と謂う」とあり、つまりは"宇"は空間の概念であり、"宙"は時間の概念なのだと2000年前の中国の哲学者が遺していることを知ったのも、ずいぶん最近の話である。

　結果的に、先祖代々受け継いだ"花の宇"という屋号に対して、新しく立ち上げた活動名を"宙の植物園"と名付けることになったのは偶然だったにせよ必然だったにせよ、うれしい事実だった。そして"園"という漢字は、囲いの中に土と口と衣があるように、衣食住を囲う場所＝人が生活する場所を指すという。

　そう、そら植物園はその名の通り、人の生活する場を末永く植物で豊かにする活動でなくてはならない。

　だからこれからは照れることなく、欲張りになって世の中のために仕事をしよう、そう決心した。現代のプラントハンターが世の中に影響を与えることができるとすれば、植物を運ぶことで価値観を変えたり、何気ない気づきをもたらすことなのかもしれない。少なくとも、この本のなかに散りばめたたくさんの植物にまつわる常識やトリビア、初耳話も、お節介ながら少しでもだれかの役に立てば、本望だ。

西畠清順拝

参考文献

『図説 植物用語事典』清水建美著 八坂書房

『図説 世界史を変えた50の植物』ビル・ローズ著、柴田譲治訳 原書房

『暮らしを支える 植物の事典』A・レウイントン著、光岡祐彦他訳 八坂書房

『広辞苑』(第六版) 岩波書店

『日本国語大辞典』(縮刷版) 小学館

『大辞林』(第三版) 三省堂

『世界大百科事典』(第二版) 平凡社

参考URL

http://asagaonikki.up.n.seesaa.net/asagaonikki/image/DSC02131.JPG?d=a2

http://blog-imgs-52.fc2.com/z/a/m/zamakibeniko/1207170160_convert_20120722135649.jpg

http://maekoo.moe-nifty.com/photos/uncategorized/2008/02/04/p2010034.jpg

http://www.fukushima-net.com/files/contents6/6%20(640x479).jpg

http://hinata622.cocolog-nifty.com/photos/uncategorized/2013/03/11/img_6828.jpg

http://kazenoiro.petit.cc/1img/banana_img/img_e749ac5d21ad82e346b1b8d012b7fdef69f5af68.jpg

http://yakushimatabi.com/_src/sc666/P9190116.JPG

http://yakusugi-museum.com/images/203-kigensugi.jpg

http://yakushimatabi.com/_src/sc1374/IMG_0365.JPG

http://1.bp.blogspot.com/-7-MHzPSavVk/UaAIUPia9AI/AAAAAAAAEYA/eJF_MW6SWKU/s1600/jeralean-talley-oldest-american.jpg

http://thumbs.dreamstime.com/x/persian-silk-tree-leaves-25918783.jpg

http://thumb7.shutterstock.com/display_pic_with_logo/1731301/201566399/stock-photo-albizia-julibrissin-leaves-201566399.jpg

http://jspp.org/media/images/_u/gallery/244x1esy29.jpg

http://jspp.org/media/images/_u/gallery/nxrih1osw.jpg

http://i.ytimg.com/vi/v4L5qyp3OSE/hqdefault.jpg

http://hanau-sora.sakura.ne.jp/sblo_files/hanau-sora/image/1At1AB1A1A1Af1A1A1Ah1A1A1A1A1A4O1Ah1AI1AT1A1A1A1AL1Ah.jpg

http://carredejardin.com/images/photosynthese-respiration-plante.gif

http://rika-jikken.c.blog.so-net.ne.jp/_images/blog/_2ab/rika-jikken/sai001.jpg?c=a0

http://www.art-kobo.co.jp/web_zuhan_kobo/html/upload/save_image/10211101_4ea0d28bee9ca.png

https://anjungsainssmkss.files.wordpress.com/2012/02/stoma-1.jpg

http://www.dab.hi-ho.ne.jp/jips/CpFaq/photos/miscplant/atita02.jpg

http://www.dab.hi-ho.ne.jp/jips/CpFaq/photos/miscplant/atita04.jpg

http://upload.wikimedia.org/wikipedia/commons/2/27/Amorphophallus_Wilhelma.jpg

http://www.pacificbulbsociety.org/pbswiki/files/Amorphophallus/Amorphophallus_titanum_fruit_UC_br.jpg

http://abrimaal.pro-e.pl/araceum/amorphophallus/titanum/titanum9d.jpg

http://www.haizara.net/~shimirin/blog/peco/entries//20101206183401.files/cbp2812-271.jpg

http://sonydes.jp/newblog/wp-content/uploads/2015/07/007.jpg

http://pds.exblog.jp/pds/1/201006/05/19/a0123319_104141100.jpg

http://pds.exblog.jp/pds/1/201006/05/19/a0123319_10414894.jpg

http://www.meemelink.com/prints_pages/27833.Amorphophallus.htm

http://c8.alamy.com/comp/D2W2B8/amorphophallus-campanulatus-D2W2B8.jpg

http://www.hokudai.ac.jp/fsc/bg/recommend/zoukonnyaku.jpg

http://www.hokudai.ac.jp/fsc/bg/recommend/zoukonnyaku-kajo.jpg

西畠 清順 にしはたせいじゅん

1980年、兵庫県生まれ。
1996年、初恋をした女の子に初告白しふられる。
1997年、一年下の野球部のマネージャーが初彼女となる。
1999年、オーストラリア留学時に初の遠距離恋愛を経験し、
2008年、初のプロポーズを受け、結婚する。
2011年、初めての不倫疑惑をかけられる。
2017年、初の恋愛と植物をテーマにした本を出版予定!?

はつみみ工房

多摩美術大学の現役学生（当時）による絵描きユニット。
大西智子、杉森有紗、高橋彩、中村結衣の4名からなる。
『はつみみ植物園』の製作のためにオーディションを行い、集結・結成された。

イラスト（Part1、Part2）
大西智子　　13・17・27・34・41・43・55・61・73・77
杉森有紗　　37・53・63・65・82
高橋　彩　　15・22・29・31・33・39・67・69
中村結衣　　19・21・25・46・49・51・57・58・70・75・
　　　　　　79・81・94・95・120・159

special thanks
似顔絵（Part4）：関根淳
Text協力　　　：井上まり、鈴木理咲

編集協力　　　：小池彩恵子
編　　集　　　：植草武士

カバー　アートディレクション　森本千絵（goen°）

デザイン　落合剛之、波平昌志（goen°）

本文デザイン　金子裕（東京書籍デザイン部）

本文DTP　　越海辰夫

はつみみ植物園

2016年7月6日　第1刷発行

著者―――――西畠清順

発行者―――――千石雅仁

発行所―――――東京書籍株式会社
　　　　　　　東京都北区堀船 2-17-1 〒114-8524
　　　　　　　TEL　03-5390-7531（営業）　03-5390-7455（編集）

印刷・製本―――図書印刷株式会社

Copyright © 2016 by Seijun Nishihata
All rights reserved.　Printed in Japan
ISBN978-4-487-80882-3 C0095
出版情報　http://www.tokyo-shoseki.co.jp
乱丁・落丁の場合はお取り替えいたします。
本書の無断使用は固くお断りいたします。